Paul Nurse

Was ist Leben?

atb aufbau taschenbuch

Sir Paul Nurse erhielt 2001 den Nobelpreis für Medizin und wurde mit dem Albert-Einstein-World-Award-of-Science und der Französischen Legion d'Honneur ausgezeichnet. Er war Berater des britischen Premierministers in Wissenschafts- und Technologiefragen und erhielt über 60 Ehrendoktortitel und Stipendien von internationalen Universitäten. Derzeit ist er Direktor und Chief Executive des Londoner Francis Crick Institute, einem Zentrum, das sich dem Verständnis der Biologie widmet, die der Gesundheit zugrunde liegt.

Hainer Kober, geboren 1942, studierte Germanistik und Romanistik. Seit 1972 übersetzt er Werke aus dem Englischen und Französischen, unter anderem von Stephen Hawking, Brian Greene, Antonio Damasio und Oliver Sacks. 2015 wurde Kober mit dem Heinrich Maria Ledig-Rowohlt-Preis für deutschsprachige Übersetzer ausgezeichnet. Hainer Kober lebt in Soltau.

Was ist Leben? Und was bedeutet die Antwort auf diese Frage für die Herausforderungen, denen sich die Menschheit heute gegenübersieht – Klimawandel, Pandemien und Artensterben? Paul Nurse erhielt den Nobelpreis dafür, gezeigt zu haben, wie lebende Zellen funktionieren. In seinem so klar wie elegant verfassten Buch synthetisiert er auf wenigen Seiten sämtliches Wissen darüber, was es heißt, am Leben zu sein. Schritt für Schritt erläutert Nurse die fünf revolutionären Ideen, die der Biologie zugrunde liegen – die Zelle, das Gen, Evolution durch natürliche Selektion, das Leben als Chemie und das Leben als Information.

PAUL NURSE

WAS IST LEBEN?

Die fünf Antworten der Biologie

Herausgegeben
von Ben Marynoga

Aus dem Englischen
von Heiner Kober

aufbau taschenbuch

Die Originalausgabe unter dem Titel
What is life? Understand Biology In Five Steps
erschien 2020 bei David Fickling Books, Oxford.

MIX
Papier | Fördert
gute Waldnutzung
FSC® C083411

ISBN 978-3-7466-4024-2

Aufbau Taschenbuch ist eine Marke der
Aufbau Verlage GmbH & Co. KG

1. Auflage 2023
Vollständige Taschenbuchausgabe

www.aufbau-verlage.de
10969 Berlin, Prinzenstraße 85
Die deutsche Erstausgabe erschien 2021 bei Aufbau,
einer Marke der Aufbau Verlage GmbH & Co. KG

Umschlaggestaltung Anzinger und Rasp, München
Basierend auf einem Cover-Design von Paul Duffield
Satz LVD GmbH, Berlin
Druck und Binden CPI books GmbH, Leck, Germany

Printed in Germany

»Eine wunderbar geschriebene Erkundung der vielleicht wichtigsten naturwissenschaftlichen Frage. Ich hatte den Eindruck, dass sich mir hier ein komplexes und tiefgründiges Thema auf ganz neue Weise erschloss. Das ist die beste Einführung in die moderne Biologie, die ich je gelesen habe.« *Brian Cox*

»In diesem anschaulichen, lebendigen Werk taucht Sir Paul Nurse, der Entdecker einiger der für die Zellteilung wichtigsten Gene, tief in die Welt der Biologie ein, indem er fünf wesentliche Merkmale von ›Leben‹ erklärt. Das Buch ist so inspiriert und kenntnisreich geschrieben – und die fünf Abschnitte so angefüllt mit überraschenden Erkenntnissen –, dass ich es nicht aus der Hand legen konnte. Es wird einer ganzen Generation von Biologen Inspiration und Ansporn sein.« *Siddhartha Mukherjee*

»Ein meisterhafter Abriss der Biologie, der große Ideen, erhellende Details und persönliche Einsichten zusammenführt. Der staunende Leser gewinnt einen tieferen Einblick in die Vielfalt, Komplexität und Vernetzung lebender Organismen. Es ist die bedeutendste Frage der Biologie. Und dieses Buch liefert die besten Antworten, die mir je zu Gesicht gekommen sind. Paul Nurse ist eine seltene Lebensform – ein nobelpreisgewürdigter Wissenschaftler und ein brillanter Wissensvermittler in einer Person.«

Alice Roberts

»Als Wissenschaftler genießt Paul Nurse höchstes Ansehen. Gleichzeitig ist er jedoch auch ein großartiger Wissensvermittler. In seinem Buch erläutert er – klar und elegant zugleich –, wie sich die Lebensprozesse entfalten, und beantwortet die Titelfrage, so gründlich und erschöpfend, wie es die Naturwissenschaft vermag. In einer Zeit, in der die Welt so dicht zusammengewachsen ist, dass jede neue Krankheit mit ungeheurer Geschwindigkeit von einer Nation zur anderen überspringen kann, sollten wir alle – einschließlich der Politiker – bestmöglich informiert sein. Dieses Buch vermittelt die Art von Klarheit und Verständnis, die viele Tausend Leben retten könnte. Ich habe viel gelernt und das Lernen sehr genossen.«

Philip Pullman

»Paul Nurse liefert eine knappe, luzide Antwort auf eine uralte Frage. Seine Darstellung beruht nicht nur auf langer Erfahrung, sondern ist auch klug, visionär und persönlich. Ich habe dieses Buch auf einen Sitz gelesen und fühlte mich am Ende beschwingt, als wäre ich kilometerweit gelaufen – vom Garten des Autors ins Innere der Zelle, von dort rückwärts in der Zeit bis zu den ältesten Vorfahren der Menschheit und durch das Labor eines leidenschaftlichen Naturwissenschaftlers, um ihn bei der Arbeit zu erleben, die er am meisten liebt.«

Dava Sobel

Leben umgibt uns von allen Seiten,
verschwenderisch, vielfältig und höchst extravagant.
In seiner verschwenderischen Vielfalt ist es etwas ganz
Außergewöhnliches.
Doch was bedeutet es, »lebendig« zu sein?

Um die Herausforderungen zu überwinden,
denen sich die Menschheit heute gegenübersieht
– Klimawandel, Pandemien, Verlust der Biodiversität
und Ernährungssicherung –, ist es von höchster
Wichtigkeit, dass wir alle verstehen, was Leben ist.

Für Andy Martynoga (Yog), Freund und Vater,
und meine Enkel
Zoe, Joseph, Owen und Joshua
und ihre Generation,
denen es obliegen wird,
für das Leben auf unserem Planeten Sorge zu tragen

Inhalt

Einleitung

Vielleicht war ein Schmetterling für mich der erste Anstoß, ernsthaft über Biologie nachzudenken. Es war Frühlingsanfang; ich mochte zwölf oder dreizehn Jahre alt gewesen sein und saß im Garten, als ein gelber Schmetterling mit zartem Flügelschlag über den Zaun schwebte. Er änderte die Richtung, stand in der Luft und ließ sich kurz nieder – gerade so lange, dass ich die kunstvollen Äderchen und Flecken auf seinen Flügeln erkennen konnte. Als ihn ein Schatten aufschreckte, hob er sich wieder in die Luft und verschwand über den Zaun auf die andere Seite. Dieser so fein und vollkommen gestaltete Schmetterling beschäftigte meine Gedanken. Wir waren völlig verschieden und ähnelten einander gleichzeitig doch irgendwie. Wie ich war er so offenkundig lebendig: Er konnte sich bewegen, er konnte empfinden, er konnte reagieren, er schien so *zweckmäßig* zu sein. Ich begann mich zu fragen: Was bedeutet es tatsächlich, lebendig zu sein? Kurzum, was ist Leben?

Ich habe über diese Frage einen Großteil meines Lebens nachgedacht, aber es ist nicht leicht, darauf eine zufriedenstellende Antwort zu finden. Es mag überraschen, dass es keine Standarddefinition des Lebens gibt, obwohl sich Naturforscher und Wissenschaftler seit Urzeiten mit dieser Frage auseinandersetzen. Selbst den Titel dieses Buches – *Was ist Leben?* – habe ich schamlos von Erwin Schrödinger gestohlen, einem Physiker, der 1944 ein einflussreiches Buch gleichen Namens veröffentlichte. Sein Hauptaugenmerk lag auf einem wichtigen Aspekt des Lebens: Wie Lebewesen Generation für Generation in einem Universum, das sich nach dem Zweiten Hauptsatz der Thermodynamik unaufhaltsam in Richtung von Unordnung und Chaos entwickelt, eine so eindrucksvolle Ordnung und Gleichförmigkeit bewahren können. Diese Frage hat Schrödinger völlig zu Recht als grundlegend erachtet, und er glaubte, dass das Verständnis der Vererbung – was Gene sind und wie sie zuverlässig von einer Generation an die nächste weitergegeben werden – der Schlüssel zur Antwort sei.

Im vorliegenden Buch stelle ich dieselbe Frage – Was ist Leben? –, aber ich glaube nicht, dass wir von der Entschlüsselung der Vererbung *allein* eine erschöpfende Antwort erwarten dürfen. Vielmehr werde ich fünf zentrale Ideen der Biologie betrachten und sie als Stufen benutzen, auf denen wir – eine nach der anderen erklimmend – mehr Klarheit über die Frage erhalten, wie das Leben funktioniert. Die meisten dieser Ideen gibt es schon seit einiger Zeit, und sie werden als Erklärung für die Funktion lebender Organismen im Allgemeinen akzeptiert. Aber ich werde diese Ideen auf neue Weise zusammenfügen und so eine Reihe vereinheitlichender Prinzipien für die Definition von Leben entwickeln, in der Hoffnung, dass sie Ihnen helfen, die Welt mit neuen Augen zu sehen.

Ich sollte Ihnen von vornherein sagen, dass wir Biologen uns häufig scheuen, über große Ideen und grandiose

Theorien zu sprechen. In dieser Hinsicht unterscheiden wir uns erheblich von Physikern. Gelegentlich vermitteln wir den Eindruck, wir vertieften uns lieber in Einzelheiten, Kataloge und Beschreibungen, sei es, dass wir alle Arten in einem bestimmten Habitat auflisten, die Haare auf einem Käferbein zählen oder Tausende von Genen sequenzieren. Vielleicht ist die verwirrende, ja, überwältigende Vielfalt der Natur daran schuld, dass es so schwierig erscheint, einfache und vereinheitlichende Ideen zu entwickeln. Trotzdem gibt es *durchaus* wichtige übergreifende Ideen in der Biologie, die uns helfen, das Leben ungeachtet all seiner Komplexität zu verstehen.

Die fünf Ideen, die ich Ihnen erläutern werde, sind: »Die Zelle«, »Das Gen«, »Evolution durch natürliche Selektion«, »Leben als Chemie« und »Leben als Information«. Ich werde nicht nur erklären, woher sie kommen, warum sie wichtig sind und in welcher Wechselbeziehung sie stehen, sondern möchte Ihnen auch zeigen, dass sie sich heute noch immer verändern und weiterentwickelt werden, da Wissenschaftler in der ganzen Welt neue Entdeckungen machen. Außerdem möchte ich Ihnen eine Vorstellung davon vermitteln, wie es ist, an wissenschaftlichen Entdeckungen zu arbeiten, daher werde ich Sie mit den Wissenschaftlern bekannt machen, die diese Fortschritte erzielt haben – einige von ihnen habe ich persönlich gekannt. Ich werde Ihnen auch aus eigenem Erleben von der Forschungsarbeit im Labor, im »Lab«, erzählen – über die Ahnungen, die Enttäuschungen, das Glück und die seltenen, aber wundervollen Augenblicke wirklich neuer Erkenntnis. Ich möchte Sie daran teilhaben lassen, wie es ist, eine aufregende wissenschaftliche Entdeckung zu machen und die Befriedigung zu spüren, die sich durch das wachsende Verständnis für die Natur einstellt.

Die Tätigkeit des Menschen bringt das Klima und viele der Ökosysteme, die es erhält, an die Grenze dessen, was sie ertragen können – oder sogar darüber hinaus. Um das Leben, wie wir es kennen, zu bewahren, brauchen wir alle Erkenntnisse, die wir aus dem Studium der lebendigen Welt gewinnen können. Aus diesem Grund wird die Biologie in den kommenden Jahren in zunehmendem Maße die Grundlagen für die Entscheidungen liefern, mit denen wir festlegen, wie Menschen leben, geboren, ernährt, geheilt und vor Pandemien geschützt werden. Ich werde einige der Anwendungen biologischen Wissens beschreiben und auf die schwierigen Kompromisse, ethischen Ungewissheiten und möglichen unbeabsichtigten Konsequenzen hinweisen, die aus diesen Anwendungen erwachsen können. Doch bevor wir uns an diesen zunehmenden Debatten beteiligen können, müssen wir erst fragen, was Leben ist und wie es funktioniert.

Wir leben in einem riesigen, Ehrfurcht gebietenden Universum, doch das Leben, das ausgerechnet hier, in dieser winzigen Ecke des immens großen Ganzen gedeiht, ist einer seiner faszinierendsten und mysteriösesten Aspekte. Die fünf Ideen dieses Buchs werden uns als Stufen dienen, die uns beim Hinaufsteigen immer weitere, für das Leben auf der Erde maßgebliche Prinzipien offenbaren werden. Das wird uns auch helfen, wenn wir darüber nachdenken, wie das Leben auf unserem Planeten begonnen haben und wie es aussehen könnte, sollten wir ihm anderswo im Universum begegnen. Egal, welche Vorkenntnisse Sie besitzen – selbst wenn Sie glauben,

Sie wüssten wenig oder gar nichts über Wissenschaft –, so ist es doch meine Absicht, Ihnen so viele Einsichten zu vermitteln, dass Sie nach der Lektüre dieses Buches ein besseres Gespür dafür haben, wie Sie, ich, dieser zarte gelbe Schmetterling und alle anderen Lebewesen auf unserem Planeten miteinander verbunden sind.

Ich hege die Hoffnung, dass wir, gemeinsam, am Ende einer Antwort auf die Frage, was Leben ist, etwas näher gekommen sein werden.

I.
Die Zelle
Das Atom der Biologie

Meine erste Zelle sah ich in der Schule, nicht lange nach der Begegnung mit dem gelben Schmetterling. Meine Klasse hatte Zwiebelsamen zum Keimen gebracht und die Wurzeln der Sämlinge unter einen Objektträger gequetscht, um festzustellen, woraus sie bestanden. Mein Biologielehrer Keith Neal, ein Quell der Inspiration, erklärte, wir würden jetzt Zellen sehen, die Grundeinheiten des Lebens. Und da waren sie: exakte Anordnungen kastenartiger Zellen, alle zu gleichmäßigen Säulen gestapelt. Wie beeindruckend erschien mir, dass Wachstum und Teilung dieser winzigen Zellen ausreichten, die Wurzeln einer Zwiebel durch die Erde zu schieben, damit sie die wachsende Pflanze mit Wasser, Nährstoffen und Halt versorgen konnten.

Je mehr ich über Zellen lernte, desto größer wurde mein Staunen. Zellen weisen eine unglaubliche Vielfalt an Formen und Größen auf. Die meisten von ihnen sind mit bloßem Auge nicht zu erkennen – sie sind wirklich winzig. Dreitausend einzelne Zellen eines parasitischen Bakteriums, das gelegentlich die Blase befällt, messen, nebeneinander aufgereiht, einen Millimeter. Andere Zellen sind gigantisch. Bedenken Sie beim nächsten Ei, das Sie zum Frühstück verspeisen, dass es sich beim Eigelb um eine einzige Zelle handelt. Auch in unserem Körper gibt es einige riesige Zellen. Beispielsweise reichen einzelne Nervenzellen von der Basis Ihres Rückgrats bis zur Spitze des großen Zehs. Mit anderen Worten, jede dieser Zellen kann rund einen Meter lang werden!

So beeindruckend diese Vielfalt auch ist, mich interessiert viel mehr, was alle diese Zellen gemeinsam haben. Naturwissenschaftler streben immer danach, fundamentale Einheiten zu entdecken, das beste Beispiel dafür ist das Atom als Grundeinheit der Materie. Das Atom der Biologie ist die Zelle. Die Zelle ist nicht nur die grundlegende Struktureinheit aller lebenden Organismen, sondern auch die grundlegende Funktionseinheit des Lebens. Damit meine ich, dass Zellen die kleinsten Einheiten mit den Kernmerkmalen des Lebens sind. Das ist die Grundlage der *Zelltheorie*, wie wir Biologen sagen: Soweit wir wissen, ist alles, was auf dem Planeten lebt, entweder eine Zelle oder eine Ansammlung von Zellen. Die Zelle ist das einfachste Gebilde, von dem sich mit Sicherheit sagen lässt, dass es lebt.

Die Zelltheorie ist knapp zweihundert Jahre alt und sie wurde in dieser Zeit zu einem der Fundamente der Biologie. Angesichts der Bedeutung, die dieser Begriff für das Verständnis der Biologie besitzt, finde ich es überraschend, dass sie das öffentliche Bewusstsein nicht in stärkerem Maße beschäftigt. Vielleicht liegt es daran, dass man den Leuten im Biologieunterricht den Eindruck vermittelt, Zellen seien lediglich die Bausteine für komplexe Lebewesen, obwohl die Wirklichkeit weit interessanter ist.

Die Geschichte der Zelle beginnt 1665 mit Robert Hooke, einem Mitglied der neu gegründeten Royal Society of London, einer der ersten wissenschaftlichen Akademien der Welt. Wie so häufig in der Wissenschaft wurde diese Entdeckung durch eine technische Neuerung ermöglicht. Da die meisten Zellen zu klein sind, um sie mit bloßem Auge zu erkennen, musste ihre Entdeckung auf die Erfindung des Mikroskops Anfang des 17. Jahrhunderts warten. Häufig sind Naturwissenschaftler eine Kombination aus Theoretikern und geschickten Handwerkern, jedenfalls galt das mit Gewissheit für Hooke, der mit der gleichen Selbstverständlichkeit, mit der er die äußersten Grenzen der Physik, Architektur oder Biologie erforschte, neue wissenschaftliche Instrumente entwickelte. So baute er sein eigenes Mikroskop, mit dem er dann die seltsame Welt entdeckte, die sich jenseits der Reichweite des bloßen Auges entfaltete.

Zu den Dingen, die Hooke auf diese Weise betrachtete, gehörte eine dünne Scheibe Kork. Er sah, dass die Korkrinde aus unzähligen Reihen von Hohlräumen bestand, die von Wänden umschlossen waren, ganz ähnlich den Zellen in den Wurzelspitzen von Zwiebeln, die ich dreihundert Jahre später als Schüler sah. Hooke benannte diese Zellen nach dem lateinischen Wort *cella*, »Kammer« oder »Stübchen«. Damals wusste Hooke nicht, dass die Zellen, die er gezeichnet hatte, nicht nur die Grundeinheiten aller Pflanzen, sondern überhaupt allen Lebens waren.

Nicht lange nach Hooke machte der holländische Forscher Anton van Leeuwenhoek eine andere wichtige Beobachtung – er entdeckte einzelliges Leben. Diese mikroskopischen Organismen fand er in Proben von Teichwasser und in dem Belag, den er von seinen Zähnen kratzte: eine

Beobachtung, die ihn bestürzte, war er doch ziemlich stolz auf seine Zahnhygiene! Er bezeichnete diese winzigen Lebewesen liebevoll als »dierkens«, Tierchen, einen Ausdruck, den wir heute nicht mehr verwenden. Bei den Bewohnern seines Zahnbelags handelte es sich tatsächlich um die ersten Bakterien, die jemals beschrieben wurden. Leeuwenhoek war auf eine vollkommen neue Domäne winziger, einzelliger Lebensformen gestoßen.

Heute wissen wir, dass Bakterien und andere Formen mikrobieller Zellen (»Mikrobe« ist eine allgemeine Bezeichnung für alle Mikroorganismen, die als einzelne Zellen leben können) die bei Weitem zahlreichsten Lebensformen auf der Erde sind. Sie bewohnen alle Umwelten, von den höchsten Schichten der Atmosphäre bis hinab in die Tiefen der Erdkruste. Ohne sie käme das Leben zum Stillstand. Sie bauen Müll ab, erneuern Böden, recyceln Nährstoffe und fangen aus der Luft den Stickstoff ein, den Pflanzen und Tiere zum Wachstum brauchen. Und ein Blick auf unseren eigenen Körper zeigt den Wissenschaftlern, dass wir für jede unserer 30 Billionen oder mehr menschlichen Zellen mindestens eine mikrobielle Zelle haben. Sie – und jeder andere Mensch – sind kein isoliertes, individuelles Gebilde, sondern eine riesige, sich ständig wandelnde Kolonie aus menschlichen und nichtmenschlichen Zellen. Diese Zellen mikroskopisch kleiner Bakterien und Pilze leben *auf* und *in* uns und bestimmen maßgeblich, wie wir Nahrung verdauen und Krankheiten bekämpfen.

Doch vor dem 17. Jahrhundert hatte niemand den Hauch einer Vorstellung, dass es diese unsichtbaren Zellen geben könnte, ganz zu schweigen davon, dass sie den gleichen Prinzipien gehorchten wie alle anderen sichtbareren Lebensformen.

Im 18. und zu Beginn des 19. Jahrhunderts verbesserten sich die Mikroskope und mikroskopischen Techniken fortwährend, und schon bald konnten Forscher Zellen der unterschiedlichsten Lebensformen bestimmen. Einige Wissenschaftler äußerten die Vermutung, alle Pflanzen und Tiere bestünden aus Ansammlungen dieser mikroskopisch kleinen »dierkens«, die Leeuwenhoek mehrere Generationen vor ihnen entdeckt hatte. Dann, nach einer langen Reifezeit, wurde die Zelltheorie endlich geboren. 1839 fassten der Botaniker Matthias Schleiden und der Zoologe Theodor Schwann ihre eigene Arbeit und die anderer Forscher mit den Worten zusammen: »Wir haben gesehn, daß alle Organismen aus wesentlich gleichen Theilen, nämlich aus Zellen, zusammengesetzt sind.«* Die Wissenschaft war zu der erhellenden Erkenntnis gelangt, dass die Zelle die fundamentale Struktureinheit des Lebens ist.

Noch weitreichendere Bedeutung erhielt diese Einsicht, als die Biologen erkannten, dass jede Zelle eine eigenständige Lebensform ist. Diesen Gedanken griff der wegweisende Pathologe Rudolf Virchow auf, als er 1858 schrieb: »Jedes Thier erscheint als eine Summe vitaler Einheiten, von denen jede den vollen Charakter des Lebens an sich trägt.«**

Mit anderen Worten, jede Zelle ist ihrerseits lebendig. Diesen Nachweis führen Biologen höchst anschaulich,

* Schwann, Theodor: *Mikroskopische Untersuchungen über die Uebereinstimmung in der Struktur und dem Wachsthum der Thiere und Pflanzen.* Berlin, 1839, S. 227.

** Virchow, Rudolf, *Die Cellularpathologie in ihrer Begründung auf physiologische und pathologische Gewebelehre.* Berlin, 1858, S. 12.

indem sie Zellen aus vielzelligen Tieren oder Pflanzen entnehmen und sie in Glas- oder Plastikgefäßen – häufig flachen Behältern, die wir Petrischalen nennen – am Leben erhalten. Seit Jahrzehnten wachsen einige dieser Zelllinien endlos in Laboratorien auf dem ganzen Globus. Auf diese Weise können Forscher biologische Prozesse untersuchen, ohne dass sie sich mit der Komplexität ganzer Organismen auseinandersetzen müssen. Zellen sind aktiv; sie können sich bewegen und auf die Umwelt reagieren, ihre Inhalte sind ständig in Bewegung. Verglichen mit einem ganzen Organismus, etwa einem Tier oder einer Pflanze, mag eine Zelle einfach erscheinen, aber sie ist zweifellos lebendig.

Allerdings gab es eine entscheidende Lücke in der Zelltheorie, wie sie ursprünglich von Schleiden und Schwann formuliert worden war. Sie erklärte nicht, wie Zellen entstehen. Diese Lücke schloss sich, als Forscher entdeckten, dass Zellen sich reproduzieren, indem sie sich teilen, so dass aus einer Zelle zwei werden. Daraus schlossen sie, dass Zellen nur entstehen können, wenn sich aus einer vorher existierenden Zelle durch Teilung zwei neue bilden. Das formulierte Virchow in dem knappen lateinischen Satz *Omnis cellula e cellula* – jede Zelle entsteht aus einer Zelle. Er wandte sich damit auch gegen die damals durchaus noch vertretene Auffassung, Leben entstehe fortwährend und spontan aus lebloser Materie – das tut es nicht.

Zellteilung ist die Grundlage für Wachstum und Entwicklung aller lebender Organismen. Sie ist der erste entscheidende Schritt zur Verwandlung einer undifferenzierten einzelnen befruchteten Eizelle eines Tieres zu einem Zellklumpen und schließlich zu einem hochkomplexen und hochorganisierten Lebewesen, einem Embryo. Alles beginnt mit einer Zelle, die sich teilt und zwei Zellen hervorbringt, die verschiedene Identitäten annehmen können. Die ganze weitere Entwicklung des Embryos beruht auf dem gleichen Prozess – immer neue Zellteilungsrunden, aus denen ein immer komplexer organisierter Embryo entsteht, während sich die Zellen im Zuge von Reifungsprozessen in zunehmend spezialisierte Gewebe und Organe verwandeln. Daraus folgt, dass alle lebenden Organismen, unabhängig von ihrer Größe und Komplexität, aus einer einzigen Zelle hervorgehen. Vermutlich würden wir alle etwas mehr Ehrfurcht vor Zellen haben, wenn wir uns vor Augen hielten, dass jeder von uns irgendwann einmal eine einzige Zelle war, die im Augenblick der Empfängnis aus der Verschmelzung einer Samen- und einer Eizelle entstand.

Die Zellteilung erklärt auch die scheinbar wundersame Selbstheilung des Körpers. Wenn Sie sich am Rand dieser Seite schnitten, ließen sich Zellteilungen in der Umgebung der Wunde lokalisieren, die die Wunde schlössen und so zur Gesundung des Körpers beitrügen. Krebserkrankungen sind allerdings die fatale Schattenseite der Fähigkeit unseres Körpers, immer neue Zellteilungen in Gang zu setzen. Krebs wird durch unkontrollierte Wachstums- und Teilungsprozesse von Zellen hervorgerufen, die auch ihre Bösartigkeit weiterverbreiten und so den Körper schädigen oder sogar töten können.

Wachstum, Reparatur, Verschleiß und Bösartigkeit hängen alle damit zusammen, dass sich – in Krankheit und Gesundheit, in Jugend und Alter – die Eigenschaften unserer Zellen verändern. Tatsächlich lassen sich die meisten Krankheiten auf Funktionsstörungen von Zellen zurückführen. Wenn wir verstehen, was in bestimmten Zellen schiefgeht, kann uns das helfen, neue Wege zur Behandlung von Krankheiten zu entdecken.

Auch heute noch beeinflusst die Zelltheorie die Forschungsrichtungen in den Biowissenschaften und der medizinischen Praxis. Sogar den Verlauf meines eigenen Lebens hat sie nachhaltig geprägt. Seit mein dreizehnjähriges Selbst in ein Mikroskop blickte und die Zellen in den Wurzelspitzen einer Zwiebel entdeckte, hat mich das Interesse an Zellen und ihrer Funktionsweise nicht mehr losgelassen. Als ich meine wissenschaftliche Tätigkeit in der biologischen Forschung begann, entschied ich mich für die Beschäftigung mit Zellen, insbesondere mit der Frage, wie Zellen sich reproduzieren und ihre Teilung regeln.

Die Zellen, mit denen ich in den siebziger Jahren zu arbeiten begann, waren Hefezellen, die nach Meinung der meisten Menschen allenfalls zur Herstellung von Wein, Bier oder Brot taugen, aber nicht zur Lösung fundamentaler biologischer Probleme. Tatsächlich aber sind sie ein großartiges Modell, das zeigt, wie Zellen komplexerer Organismen arbeiten. Die Hefe ist ein Pilz, aber ihre Zellen ähneln auf überraschende Weise Pflanzen- und Tierzellen. Außerdem sind sie klein, relativ einfach und wachsen rasch und kostengünstig, wenn man sie mit einfachen Nährstoffen füttert. Bei der Anzucht im Labor schwimmen sie entweder frei in einem flüssigen Nährmedium oder sie liegen auf einem Nährboden in einer Petrischale, wo sie cremefarbene Kolonien von wenigen

Millimetern Durchmesser bilden, von denen jede einzelne aus vielen Millionen Zellen besteht. Trotz – oder genauer – wegen ihrer Einfachheit verdanken wir nicht zuletzt der Hefe, dass wir heute verstehen, warum sich die Zellen der meisten lebenden Organismen – einschließlich derjenigen des Menschen – teilen. Ein Großteil dessen, was wir über die unkontrollierte Teilung von Krebszellen wissen, entwickelte sich aus der Forschung an schlichten Hefezellen.

Zellen sind die Grundeinheiten des Lebens. Sie sind individuelle, lebende Gebilde, die von einer Membran aus fettähnlichen Lipiden umschlossen werden. Doch genau so, wie Atome aus Elektronen und Protonen bestehen, enthalten auch Zellen kleinere Komponenten. Mit den modernen, sehr leistungsfähigen Mikroskopen können Biologen heute die komplizierten und häufig außerordentlich schönen Strukturen innerhalb der Zellen sichtbar machen. Die größten Strukturen sind die *Organellen*, die von einer eigenen Membran umhüllt sind. Eine dieser Organellen ist der *Kern*, die Kommandozentrale der Zelle, da er in seinen Chromosomen die genetischen Anweisungen enthält, während die *Mitochondrien* – von denen es in manchen Zellen gelegentlich Hunderte gibt – die Funktion von Miniaturkraftwerken haben und die Zelle mit der Energie versorgen, die sie braucht, um zu wachsen und zu überleben. Diverse andere Räume und Kompartimente in der Zelle übernehmen komplizierte logistische Aufgaben, wie die Herstellung, die Zerlegung oder das Recycling von Zellteilen sowie den Transport von Material in die Zelle hinein, aus der Zelle hinaus oder innerhalb der Zelle.

Doch nicht alle lebenden Organismen bestehen aus Zellen, die solche membranumhüllten Organellen und komplexen inneren Strukturen besitzen. Die Frage, ob ein Kern vorhanden ist oder nicht, unterteilt das Leben in zwei große Domänen. Organismen, deren Zellen einen Kern enthalten – wie Tiere, Pflanzen und Pilze – heißen *Eukaryoten*. Organismen ohne Kern nennen wir *Prokaryoten*, bei ihnen handelt es sich entweder um Bakterien oder Archaeen. Nach Größe und Struktur scheinen die Archaeen den Bakterien zu gleichen, sind mit ihnen aber tatsächlich nur entfernt verwandt. In gewisser Hinsicht ähneln ihre molekularen Prozesse eher denen von Eukaryoten wie uns als denen von Bakterien.

Ein ganz wichtiger Bestandteil einer Zelle, egal, ob es sich um einen Prokaryoten oder einen Eukaryoten handelt, ist die äußere Membran. Obgleich nur zwei Moleküle dick, bildet diese äußere Membran eine flexible »Wand« oder Barriere, die jede Zelle von ihrer Umgebung trennt und festlegt, was »innen« und was »außen« ist. Philosophisch wie praktisch ist diese Barriere von entscheidender Bedeutung. Letztlich erklärt sie, warum Lebensformen dem allgegenwärtigen Streben des Universums nach Unordnung und Chaos widerstehen können. Abgeschirmt durch ihre isolierenden Membranen können Zellen die Ordnung herstellen und aufrechterhalten, die sie für ihre Funktionsfähigkeit brauchen, während sie gleichzeitig in ihrer unmittelbaren Umgebung außerhalb der Zelle Unordnung verbreiten. Auf diese Weise verstößt das Leben nicht gegen den Zweiten Hauptsatz der Thermodynamik.

Alle Zellen sind in der Lage, Veränderungen ihres inneren Zustands und des Zustands der Welt um sie herum zu entdecken und auf sie zu reagieren. Obwohl sie von der Umgebung, in der sie leben, isoliert sind, stehen sie in engem Austausch mit ihr. Sie sind unaufhörlich damit beschäftigt, die inneren Bedingungen beizubehalten, die ihnen ermöglichen, zu überleben und sich zu entwickeln. Dieses Verhalten haben sie mit anderen, besser sichtbaren Organismen gemeinsam, etwa dem Schmetterling, den ich als Kind beobachtet habe, oder auch mit uns selbst.

Tatsächlich weisen Zellen bei allen Arten von Tieren, Pflanzen und Pilzen viele Gemeinsamkeiten auf. Sie wachsen, reproduzieren sich, erhalten sich selbst und offenbaren eine gewisse Zweckbestimmtheit: das unbeirrbare Bestreben, durchzuhalten, am Leben zu bleiben und sich fortzupflanzen, komme, was da wolle. Alle Zellen, von den Bakterien, die Leeuwenhoek zwischen seinen Zähnen fand, bis zu den Neuronen, dank derer Sie diese Wörter lesen können, haben diese Eigenschaften mit allen Lebewesen gemein. Wenn wir verstehen, wie Zellen funktionieren, können wir eines Tages vielleicht auch verstehen, wie Leben funktioniert.

Entscheidend für die Existenz der Zelle sind die Gene, die wir als Nächstes betrachten wollen. Sie verschlüsseln die Anweisungen, mit deren Hilfe sich jede Zelle selbst aufbaut und organisiert, und sie müssen an jede neue Generation weitergegeben werden, wenn Zellen und Organismen sich reproduzieren.

2.
Das Gen
Auf dem Prüfstand der Zeit

Ich habe zwei Töchter und vier Enkelkinder. Alle sind sie wunderbar einzigartig. Beispielsweise ist Sarah, eine meiner Töchter, Fernsehproduzentin und Emily, die andere, Physikprofessorin. Aber es gibt auch Merkmale, die sie miteinander, mit ihren Kindern, mit mir und mit meiner Frau Anne gemeinsam haben. Familienähnlichkeiten können stark oder schwach sein – Größe, Augenfarbe, die Form von Mund oder Nase, bestimmte Eigenarten oder Gesichtsausdrücke. Es gibt auch viele Unterschiede, aber an der Kontinuität zwischen den Generationen kann kein Zweifel bestehen.

Das Vorhandensein von Ähnlichkeiten zwischen Eltern und Nachkommen ist ein definierendes Merkmal aller lebenden Organismen. Das erkannten Aristoteles und andere Denker des klassischen Altertums schon vor langer Zeit, trotzdem blieb die Grundlage der biologischen Vererbung ein Rätsel. Im Laufe der Jahre wurden verschiedene Erklärungen vorgeschlagen, von denen einige heute etwas seltsam klingen. Beispielsweise vermutete Aristoteles, Mütter beeinflussten die Entwicklung ihrer ungeborenen Kinder nicht nachhaltiger als sich die Beschaffenheit eines bestimmten Bodens auf die Entwicklung einer Pflanze aus einem Samenkorn auswirke.

Andere glaubten, die Ähnlichkeit entstehe durch eine »Mischung des Blutes«; da findet sich schon die Idee, dass Kinder eine gleichmäßige Kombination der Merkmale ihrer beider Eltern erben.

Erst mit der Entdeckung des Gens wurde der Weg frei für ein realistischeres Verständnis der Vererbungsprozesse. Dabei verdanken wir den Genen nicht nur, dass wir besser verstehen, warum sich in Familien bestimmte Merkmale überdurchschnittlich häufig ausprägen, sondern sie erweisen sich auch als die entscheidende Informationsquelle, die das Leben nutzt, um Zellen zu bilden, zu erhalten, zu reproduzieren und damit auch Organismen aus Zellen zu erschaffen.

Gregor Mendel, Abt des heute in der Tschechischen Republik gelegenen Kapuzinerklosters Brno (Brünn), hat als Erster etwas Licht in die Geheimnisse der Vererbung gebracht. Aber das gelang ihm nicht durch die Beobachtung der häufig verblüffenden Vererbungsmuster in menschlichen Familien. Vielmehr führte er sorgfältig durchdachte Experimente mit Erbsen aus und wurde zum Wegbereiter für die Ideen, die schließlich zur Entdeckung jener Erbträger führten, die wir heute Gene nennen.

Mendel war weder der Erste, der versuchte, Fragen zur Vererbung durch wissenschaftliche Experimente zu beantworten, noch der Erste, der die Antworten bei Pflanzen suchte. Diese frühen Pflanzenzüchter hatten beschrieben, wie einige Pflanzenmerkmale kontraintuitiv von einer Generation an die nächste vererbt wurden. Manchmal sahen die Nachkommen einer Kreuzung von zwei verschiedenen Elternpflanzen wie eine Mischung der beiden aus. So konnte die Kreuzung einer lila blühenden mit einer weiß blühenden Pflanze eine rosafarben blühende Pflanze ergeben. Dagegen schienen andere Merkmale immer in einer bestimmten Generation zu dominieren. So hatten in diesen Fällen manchmal die Nachkommen einer lila blühenden und einer weiß blühenden Pflanze alle lila Blüten. Die frühen Pioniere der Vererbungslehre sammelten viele faszinierende Hinweise, aber keinem von ihnen gelang es, eine plausible Erklärung für die genetischen Vorgänge bei der Vererbung in Pflanzen vorzuschlagen – geschweige denn, wie sie prinzipiell bei allen Lebewesen, einschließlich des Menschen, funktioniert. Mit Mendels Forschung an Erbsen jedoch begann sich dieser Schleier endlich zu lüften.

Mitten im Kalten Krieg begab ich mich auf meine eigene Wallfahrt zum Augustinerkloster in Brno, um mir anzuschauen, wo Mendel gearbeitet hatte. Das war lange bevor es zu der Touristenattraktion wurde, die es heute ist. Der damals ziemlich verwilderte Garten war überraschend groß. Mühelos konnte ich mir die vielen Reihen mit Erbsenpflanzen vorstellen, die Mendel dort züchtete. Er hatte an der Universität Wien unter anderem Physik studiert, scheiterte aber an der Lehramtsprüfung. Doch etwas von seiner naturwissenschaftlichen Ausbildung blieb wohl haften, denn ihm war klar, dass er eine riesige Datenmenge brauchte: Bei großen Stichproben ist es wahrscheinlicher, dass sich wichtige Muster zeigen. Für einige seiner Experimente verwendete er 10 000 verschiedene Erbsenpflanzen. Kein Pflanzenzüchter vor ihm hatte mit einem so strengen, ausgeprägt quantitativen Ansatz gearbeitet.

Um seine Experimente etwas zu vereinfachen, beschränkte Mendel sich auf Merkmale, die deutliche Unterschiede zeigten. Mehrere Jahre lang zeichnete er die Ergebnisse der von ihm vorgenommenen Kreuzungen sorgfältig auf und entdeckte Muster, die andere übersehen hatten. Vor allem aber beobachtete er, dass die Erbsenpflanzen, die Träger oder Nichtträger auffälliger Merkmale wie bestimmter Blütenfarben oder Samenformen waren, in genau definierten Zahlenverhältnissen zueinander standen. Eine entscheidende Leistung Mendels bestand darin, diese Verhältnisse durch eine mathematische Reihe auszudrücken. Daraus leitete er die These ab, dass der männliche Pollen und die weiblichen Samenanlagen in den Erbsenblüten Gebilde – »Elemente« nannte er sie – enthielten, die mit den verschiedenen Merkmalen der Elternpflanzen verknüpft seien. Wenn diese Elemente durch die Befruchtung zusammenkämen, würden sie die Merkmale der nächsten Pflanzengeneration beeinflussen. Doch Mendel wusste nicht, worum es sich bei diesen Elementen handelte und worauf ihre Wirkung beruhte.

Dank eines unglaublichen Zufalls untersuchte Charles Darwin, ein anderer berühmter Biologe, etwa zur gleichen Zeit wie Mendel Pflanzenkreuzungen an Löwenmäulchen (*Antirrhinum majus*). Dabei beobachtete er ähnliche Zahlenverhältnisse, allerdings ohne sich Gedanken über ihre Bedeutung zu machen. Auf jeden Fall wurde Mendels Forschung von den Zeitgenossen kaum zur Kenntnis genommen. Es verging noch eine ganze Generation, bis ihn jemand ernst nahm.

Um 1900 begannen andere Biologen, unabhängig voneinander, Mendels Versuche zu wiederholen, sie weiterzuentwickeln und zur Frage, *wie* die Vererbung vor sich gehen könnte, konkretere Annahmen zu formulieren. Diese Untersuchungen führten zu der nach dem wegweisenden Mönch benannten Theorie des Mendelismus und der Geburt der Genetik. Jetzt horchte die Welt auf.

Nach Mendels Theorie werden ererbte Merkmale durch das Vorhandensein physischer Teilchen bestimmt, die paarweise existieren. Diese »Teilchen« sind Mendels »Elemente«; wir nennen sie heute Gene. Mendel konnte wenig über die Teilchen sagen, aber er beschrieb sehr genau, wie sie vererbt werden. Vor allem aber kristallisierte sich heraus, dass diese Schlussfolgerungen nicht nur für Erbsen gelten, sondern für alle sich sexuell reproduzierenden Arten, von der Hefe bis zum Menschen und für alle Organismen dazwischen. Jedes Ihrer Gene liegt als Paar vor; Sie haben jeweils eins von ihren beiden biologischen Eltern geerbt. Weitergegeben wurden sie von der Samen- und der Eizelle, die im Augenblick der Empfängnis miteinander verschmolzen.

Während des letzten Drittels des 19. Jahrhunderts, als Mendels Entdeckungen brachlagen, stand die Wissenschaft natürlich nicht still. Insbesondere hatte man eine klarere Vorstellung davon bekommen, was mit Zellen während der Teilung geschieht. Als man diese Beobachtungen schließlich mit den von Mendel postulierten Erbteilchen verknüpfte, zeichnete sich deutlicher ab, wie bedeutsam das Gen für das Leben ist.

Ein früher Hinweis war die Entdeckung von mikroskopischen Strukturen innerhalb der Zellen, die wie dünne Fäden aussahen. Zuerst wurden sie in den 1870er Jahren von Walther Flemming beobachtet, der zunächst Militärarzt war und dann Zellbiologe wurde. Unter Verwendung der besten Mikroskope seiner Zeit beschrieb er, wie ungewöhnlich sich diese winzigen Fäden verhielten: Wenn sich eine Zelle zur Teilung bereitmachte, spalteten die Fäden, also die Chromosomen, sich der Länge nach auf, bevor sie kürzer und dicker wurden. Während sich die Zelle in zwei Hälften aufteilte, wurden die Fäden *getrennt*, wobei je eine Hälfte in eine der beiden neu gebildeten Tochterzellen gelangte.

Was Flemming sah, aber damals nicht ganz verstand, war die physische Manifestation der Gene, die von Mendel postulierten Erbteilchen. Die Gebilde, die Flemming als »Fäden« bezeichnete, nennen wir heute *Chromosomen*. Sie sind die in allen Zellen vorhandenen Strukturen, die die Gene enthalten.

Etwa zur selben Zeit ergab sich ein entscheidender Hinweis aus einer anderen, vollkommen überraschenden Quelle: den befruchteten Eizellen parasitischer Spulwürmer. Als der belgische Biologe Édouard van Beneden die frühesten Entwicklungsstadien von Spulwürmern genau betrachtete, entdeckte er unter seinem Mikroskop, dass die erste Zelle jedes gerade befruchteten Embryos vier Chromosomen enthielt. Sie erhielt genau zwei von der Eizelle und zwei von der Samenzelle.

Das deckte sich exakt mit den Vorhersagen des Mendelismus – zwei gepaarte Gensätze, die im Augenblick der Befruchtung zusammengebracht werden. Seither sind van Benedens Ergebnisse immer wieder bestätigt worden. In Eizelle und Samenzelle befindet sich jeweils die Hälfte der Chromosomen, und die vollständige Zahl der Chromosomen bildet sich, wenn die beiden zu einer befruchteten Eizelle verschmelzen. Wir wissen heute, dass das, was für die sexuelle Fortpflanzung von Spulwürmern gilt, auch auf alle anderen eukaryotischen Lebensformen, einschließlich des Menschen, zutrifft.

Die Zahl der Chromosomen variiert erheblich: Erbsenpflanzen haben 14 in jeder Zelle, wir Menschen 46 und die Zellen des Schmetterlings *Polyommatus atlanticus* mehr als 400. Zum Glück für van Beneden besitzt der Spulwurm gerade einmal vier. Wären da mehr Chromosomen, hätte er sie nicht so leicht zählen können. Dank der Tatsache, dass er dem relativ einfachen Fall des Spulwurms so viel Aufmerksamkeit schenkte, stieß er auf eine universell gültige Wahrheit über genetische Vererbung. Von einem leicht interpretierbaren Experiment an einem überschaubaren biologischen System kann man zu tieferen Einsichten über allgemeinere Funktionen des Lebens gelangen. Aus genau diesem Grund habe ich einen Großteil meiner Berufstätigkeit damit verbracht, die einfachen und leicht zu erforschenden Hefezellen zu untersuchen, statt mich mit komplexeren menschlichen Zellen zu beschäftigen.

Als man die Entdeckungen von Flemming und van Beneden zusammenfasste, zeigte sich, dass Chromosomen Gene sowohl zwischen den Generationen sich teilender Zellen übertragen als auch zwischen den Generationen ganzer Organismen. Von einigen seltenen Ausnahmen abgesehen – etwa roten Blutkörperchen, die im Zuge der Reifung ihren gesamten Kern und damit alle Gene verlieren –, enthält jede Zelle in Ihrem Körper eine Kopie des kompletten Gensatzes. Zusammen spielen diese Gene eine richtungsweisende Rolle für die Entwicklung eines vollständig ausgebildeten Körpers aus einer einzelnen befruchteten Eizelle. Über die gesamte Lebensspanne jedes lebenden Organismus versorgen die Gene jede Zelle mit der Information, die diese unbedingt braucht, um sich zu bilden und sich selbst zu erhalten. Daraus folgt, dass der ganze Gensatz jedes Mal, wenn eine Zelle sich teilt, kopiert und zu gleichen Teilen zwischen den beiden neu entstandenen Zellen aufgeteilt werden muss. Mit anderen Worten, die Zellteilung ist das grundlegende Beispiel für Reproduktion in der Biologie.

Dann wartete die nächste große Herausforderung auf die Biologen: Sie mussten herausfinden, was Gene tatsächlich sind und wie sie funktionieren. 1944 wurde der erste wichtige Fortschritt erzielt, als eine kleine Gruppe von Forschern unter Leitung des Mikrobiologen Oswald Avery ein Experiment durchführte, durch das die Substanz identifiziert wurde, aus der Gene bestehen. Avery und Kollegen untersuchten Pneumokokken, Bakterien, die Lungenentzündungen hervorrufen. Sie wussten, dass sich harmlose Stämme dieser Bakterien in gefährliche, virulente Formen verwandeln ließen, wenn man sie mit abgestorbenen Zellen eines virulenten Stammes mischte. Entscheidende Bedeutung hatte der Umstand, dass diese Veränderung erblich war; sobald sie virulent geworden waren, gaben die Pneumokokken das Merkmal an alle ihre Nachkommen weiter. Das veranlasste Avery zu der Annahme, ein oder mehrere Gene seien als chemische Einheit von den Überresten der toten, schädlichen Bakterien an die lebenden, harmlosen übermittelt worden. Wenn es ihm gelänge, den Teil der toten Bakterien zu entdecken, der für diese *genetische* Transformation verantwortlich war, könnte er, so wurde ihm klar, der Welt zeigen, woraus Gene bestehen.

Wie sich herausstellte, verfügte die Verbindung Desoxyribonukleinsäure – Ihnen vermutlich unter ihrer englischen Abkürzung DNA geläufiger – über die entscheidenden transformativen Eigenschaften. Damals war allgemein bekannt, dass die Chromosomen – die Träger der Gene innerhalb der Zelle – DNA enthielten. Aber die Forscher meinten bis dahin, die DNA sei zu einfach und langweilig, um für ein so komplexes Phänomen wie die Vererbung verantwortlich sein zu können. Sie hatten unrecht.

Jedes Ihrer Chromosomen besitzt in seiner Mitte ein einzelnes, durchgehendes DNA-Molekül. Das kann außerordentlich lang werden und Hunderte oder sogar Tausende von Genen enthalten, die hintereinander zu einer Kette angeordnet sind. Das menschliche Chromosom Nr. 2 enthält beispielsweise einen Strang von mehr als 1300 verschiedenen Genen, und zöge man das Stück DNA gerade, hätte es eine Länge von mehr als acht Zentimetern. Gemeinsam ergäben alle 46 Chromosomen in jeder Ihrer winzigen Zellen, legte man sie aneinander, eine Länge von mehr als zwei Metern. Durch eine wundersame Faltung passt das alles in eine Zelle, die einen Durchmesser von lediglich einigen Tausendstel Millimetern aufweist. Es gibt eine noch beeindruckendere Zahl: Wenn es Ihnen irgendwie gelänge, alle in Ihrem Körper aufgewickelten DNA-Abschnitte zusammenzufügen und dann zu einem einzigen, glatten Faden auseinanderzuziehen, kämen Sie auf eine Länge von 20 Milliarden Kilometern. Das ist lang genug, um 65-mal bis zur Sonne und zurück zu reichen!

Avery war ein ziemlich bescheidener Mann und machte nicht viel Aufhebens um seine Entdeckung, zumal einige Biologen seinen Schlussfolgerungen ziemlich kritisch gegenüberstanden. Doch er hatte recht: Gene bestehen aus DNA. Als sich diese Wahrheit schließlich durchsetzte, markierte sie die Geburt einer neuen Ära der Genetik und der Biologie insgesamt. Endlich ließen sich Gene als chemische Gegebenheiten verstehen: stabile Ansammlungen von Atomen, die den Gesetzen der Physik und Chemie gehorchten.

Doch erst die Entdeckung der DNA-Struktur läutete 1953 dieses schöne neue Zeitalter wirklich ein. Die meisten wichtigen Entdeckungen in der Biologie hängen von der Arbeit vieler Forscher ab, die sich oft jahre- oder jahrzehntelang an der Beschaffenheit der Wirklichkeit abarbeiten, bis sie endlich eine bedeutsame Wahrheit enthüllen. Manchmal werden spektakuläre Erkenntnisse jedoch auch viel schneller gewonnen. So verhielt es sich mit der Struktur der DNA. In wenigen Monaten führten drei Wissenschaftler in London – Rosalind Franklin, Raymond Gosling und Maurice Wilkins – die entscheidenden Experimente durch, dann interpretierten Francis Crick und James Watson, die in Cambridge arbeiteten, die Experimentaldaten und schlossen daraus auf die DNA-Struktur. Mehr noch, sie begriffen sofort, welche Bedeutung das für das Leben hatte.

Später, als sie älter waren, lernte ich Crick und Watson ziemlich gut kennen. Sie gaben ein höchst gegensätzliches Paar ab. Francis Crick hatte einen messerscharfen, logischen Verstand. Probleme zerlegte er so lange, bis sie sich unter seinem Blick buchstäblich auflösten. James Watson hatte die Gabe einer glänzenden Intuition, mit der er zu Schlussfolgerungen sprang, die niemand anders gesehen hatte, obwohl nicht klar war, wie er dorthin gelangt war. Beide waren selbstbewusst und unverblümt, doch trotz ihrer gelegentlichen Kritik hatten sie immer ein offenes Ohr für junge Wissenschaftler. Zusammen waren sie ein äußerst bemerkenswertes Gespann.

Die wahre Schönheit der DNA-Doppelhelix, die sie postulierten, war nicht die Eleganz der anmutigen Spiralstruktur selbst, sondern die Tatsache, dass diese die beiden entscheidenden Schritte erklärte, die das Erbmaterial absolvieren muss, um den Fortbestand des Lebens zu sichern. Erstens, die DNA muss die Information verschlüsseln, die Zellen und ganze Organismen brauchen, um zu wachsen, am Leben zu bleiben und sich zu reproduzieren. Zweitens, sie muss sich exakt und verlässlich selbst replizieren (kopieren), damit jede neue Zelle und jeder neue Organismus einen vollständigen Satz der genetischen Anweisungen erbt.

Die Helixstruktur der DNA, die Sie sich als eine verdrillte Leiter vorstellen können, erklärt diese beiden entscheidenden Funktionen. Schauen wir uns an, wie die DNA Informationen überträgt. Alle Sprossen der Leiter bestehen aus den Verbindungen, die sich zwischen Paaren bestimmter chemischer Moleküle, den sogenannten Nukleotidbasen, bilden. Diese Basen kommen in vier verschiedenen Arten vor – Adenin, Thymin, Guanin und Cytosin, abgekürzt A, T, G und C. Die Reihenfolge, in der die vier Basen entlang der beiden Holme auftreten, entspricht dem informationshaltigen Code. Stellen Sie es sich vor wie die Bedeutung, die durch die geordnete Buchstabenkette dieses Satzes vermittelt wird. Jedes Gen ist ein genau definiertes Stück des DNA-Codes, das eine Botschaft für die Zelle enthält. Diese Botschaft kann die Anweisung sein, ein Pigment herzustellen, das die Augenfarbe eines Menschen bestimmt, sie kann dafür sorgen, dass eine Erbsenblüte violett ist, oder bewirken, dass Pneumokokken virulent werden. Die Zelle nimmt solche Botschaften von der DNA entgegen, indem sie diesen genetischen Code »liest« und die Information umsetzt.

Als Nächstes stellt sich die Aufgabe, exakte Kopien der DNA anzufertigen, damit die gesamte genetische Information zuverlässig von einer Zell- oder Organismengeneration an die nächste weitergegeben werden kann. Die Form und die chemischen Eigenschaften der beiden Nukleotidbasen, die jeweils eine Sprosse der Leiter bilden, sorgen dafür, dass die Basen sich nur auf eine einzige, genau festgelegte Weise zu einem Paar zusammenfügen können. A kann sich nur mit T und G sich nur mit C paaren. Das heißt, wenn man die Reihenfolge eines DNA-Strangs kennt, weiß man automatisch, welche Reihenfolge die Nukleotidbasen des anderen Strangs aufweisen. Wenn also die Doppelhelix in zwei Stränge aufgeteilt wird, kann jeder Strang als Vorlage für die Herstellung einer exakten Kopie des ursprünglichen Partnerstrangs dienen. Sobald Crick und Watson diesen Aufbau der DNA erkannten, wussten sie, wie Zellen die DNA kopieren, aus denen ihre Chromosomen und damit auch ihre Gene bestehen.

Gene üben einen erheblichen Einfluss auf das Verhalten von Zellen – und letztlich von ganzen Organismen – aus, indem sie Zellen anweisen, wie sie bestimmte Proteine herzustellen haben. Diese Information ist von größter Bedeutung für das Leben, weil Proteine den Hauptteil der Arbeit in der Zelle leisten – die meisten Enzyme, Strukturen und Funktionssysteme der Zelle bestehen aus Proteinen. Dazu müssen die Zellen zwischen zwei Alphabeten übersetzen: dem vierbuchstabigen Alphabet der DNA, das aus den »Buchstaben« A, T, G und C besteht, und dem komplizierteren Alphabet der Proteine, das zwanzig verschiedene Aminosäuren umfasst. Anfang der 1960er Jahre hatte man die grundlegende Beziehung zwischen Genen und Proteinen verstanden, aber niemand wusste, wie die Zelle die Informationen aus der Sprache der DNA in die der Proteine übersetzte.

Diese Beziehung, der sogenannte genetische Code, gab den Biologen ein echtes kryptographisches Rätsel auf. Ende der 1960er und Anfang der 1970er Jahre wurde der Code geknackt – unter Beteiligung einer ganzen Reihe von Forschern, die sich nacheinander daran abarbeiteten. Die beiden, die ich am besten kannte, waren Francis Crick und Sydney Brenner. Sydney war der witzigste und respektloseste Wissenschaftler, den ich je erlebt habe. Einmal führte er ein Einstellungsgespräch mit mir (ich habe den Job nicht bekommen) und verglich dabei seine Kollegen mit den irren Figuren auf Picassos Gemälde *Guernica*, dessen Kopie an einer Wand seines Büros hing. Sein Humor beruhte darauf, sein Gegenüber mit etwas Unerwartetem zu konfrontieren, vermutlich war das auch der Ursprung seiner enormen Kreativität als Wissenschaftler.

Diese und andere Code-Knacker fanden heraus, dass die vier Buchstaben des DNA-Alphabets auf jedem Strang der DNA-Leiter zu dreibuchstabigen »Wörtern« arrangiert sind, wobei die meisten dieser Kurzwörter einer bestimmten Aminosäure, also einem Baustein eines Proteins, entsprechen. So weist das DNA-»Wort« GCT die Zelle an, die Aminosäure Alanin einem neuen Protein hinzuzufügen, während TGT nach einer Aminosäure namens Cystein verlangt. Man kann sich ein Gen als eine Sequenz von DNA-Wörtern vorstellen, die zur Herstellung eines bestimmten Proteins erforderlich ist. Beispielsweise enthält ein menschliches Gen mit dem Namen beta-Globin seine entscheidenden Informationen in Form von 441 DNA-»Buchstaben«, die zu 147 dreibuchstabigen Wörtern angeordnet sind. Die werden von der Zelle in ein 147 Aminosäuren langes Proteinmolekül übersetzt. In diesem Fall wirkt das beta-Globin-Molekül an der Herstellung des Sauerstoff transportierenden Blutfarbstoffs Hämoglobin in den roten Blutkörperchen mit, die Ihren Körper am Leben erhalten und Ihrem Blut seine rote Farbe verleihen.

Mit der Fähigkeit, den genetischen Code zu verstehen, war ein entscheidendes und zentrales Rätsel der Biologie gelöst. Nun wusste man, wie die statischen, in den Genen gespeicherten Anweisungen in aktive Proteinmoleküle verwandelt werden können, die für den Bau und die Funktion lebender Zellen sorgen. Die Entschlüsselung des Codes eröffnete den Weg in die moderne Welt, in der Biologen mühelos Gensequenzen beschreiben, interpretieren und verändern können. Damals erschien dieser Durchbruch so bedeutsam, dass einige Biologen ihr Handwerkszeug an den Nagel hängten, weil sie zu dem Schluss gelangt waren, dass damit die grundlegenden Probleme der Zellbiologie und der Genetik gelöst seien. Sogar Francis Crick beschloss, die Zellen und Gene sich selbst zu überlassen und sich fortan den Rätseln des menschlichen Bewusstseins zu widmen.

Heute, mehr als fünfzig Jahre später, ist klar, dass man doch noch nicht ganz so weit war. Trotzdem hatten die Biologen spektakuläre Fortschritte erzielt. Im Laufe eines Jahrhunderts hatte sich das Gen – das zunächst ein abstraktes Element war – radikal verändert. Als ich 1973 promoviert wurde, war das Gen nicht mehr nur eine Idee oder Teil eines Chromosoms. Es war eine Kette von DNA-Nukleinbasen, die ein Protein mit bestimmten Funktionen in der Zelle codierte.

Bald fand man heraus, wo bestimmte Gene auf den Chromosomen liegen, wie man sie entfernt, wie man sie zwischen den Chromosomen hin und her bewegt oder sogar in die Chromosomen anderer Arten einfügt. Beispielsweise wurden die Chromosomen von E.-coli-Bakterien so verändert, dass sie das menschliche Gen enthielten, welches das den Blutzucker regulierende Protein Insulin codiert. Diese gentechnisch veränderten (engl. *genetically modified*) oder GM-Bakterien produzieren kostengünstig hinreichende Mengen einer Version des Insulinproteins, das identisch mit dem von der menschlichen Bauchspeicheldrüse produzierten Hormon ist. Seither helfen sie Millionen Menschen auf der ganzen Welt, mit ihrem Diabetes zu leben.

In den 1970er Jahren entwickelte der britische Biochemiker Fred Sanger eine andere wichtige Neuerung: Er fand eine Methode, die genetische Information zu »lesen«. Durch eine raffinierte Kombination aus chemischen Reaktionen und physikalischen Techniken gelangt es ihm, die Art und die Abfolge (Sequenz) aller ein Gen konstituierenden Nukleotidbasen zu bestimmen (das bezeichnen wir als Gensequenzierung). Die Anzahl der DNA-Buchstaben in verschiedenen Genen kann außerordentlich variieren, von einigen Hundert bis zu vielen Tausend Basen. Die Möglichkeit, sie zu lesen und dann vorherzusagen, welches Protein sie produzieren, war ein großer Schritt vorwärts. Fred, der so ungewöhnlich bescheiden wie begabt war, erhielt im Laufe seiner Karriere zwei Nobelpreise!

Ende des 20. Jahrhunderts ließ sich das ganze Genom – das heißt, der vollständige Gensatz oder das gesamte in einer Zelle oder einem Organismus vorhandene genetische Material – sequenzieren. Das galt auch für den Menschen. Alle drei Milliarden DNA-Buchstaben des menschlichen Genoms wurden erstmals 2003 mehr oder weniger vollständig sequenziert. Das war ein entscheidender Fortschritt für Biologie und Medizin, und das Fortschrittstempo hat sich seither nicht verlangsamt. Während die Sequenzierung dieses ersten Genoms ein Jahrzehnt dauerte und mehr als zwei Milliarden Pfund Sterling verschlang, schaffen die heutigen DNA-Sequenzierungsgeräte das an ein oder zwei Tagen für ein paar Hundert Pfund.

Das wichtigste Ergebnis des ersten Humangenomprojektes war die Liste der rund 22 000 Proteine codierenden Gene, die allen Menschen gemeinsam sind und die die Basis unseres Erbguts bilden. Einerseits legen sie die

Merkmale fest, die wir alle teilen, und andererseits codieren sie für die Eigenschaften, die uns zu unverwechselbaren Individuen machen. Für sich genommen reicht dieses Wissen nicht aus, um zu erklären, was es heißt, ein Mensch zu sein, doch ohne es wird unser Verständnis immer lückenhaft bleiben. Es ist ein bisschen so, als hätte man die Liste der Figuren in einem Theaterstück – diese Liste ist als Ausgangspunkt notwendig, aber die nächste, größere Aufgabe besteht darin, das Stück zu schreiben und Schauspieler zu finden, die diese Figuren zum Leben erwecken.

Der Prozess der Zellteilung spielt eine entscheidende Rolle bei der Verknüpfung der Konzepte »Zelle« und »Gen«. Jedes Mal, wenn sich eine Zelle teilt, müssen alle Gene auf allen Chromosomen im Inneren der Zelle zunächst kopiert und dann gleichmäßig zwischen den beiden Tochterzellen aufgeteilt werden. Daher müssen das Kopieren der Gene und das Teilen der Zelle eng aufeinander abgestimmt werden. Wäre das nicht der Fall, hätten wir am Ende Zellen, die absterben oder Funktionsstörungen aufweisen, weil sie nicht über den vollständigen Satz der notwendigen genetischen Anweisungen verfügten. Für diese Koordination sorgt der *Zellzyklus*, der Prozess, der den Geburtsprozess jeder neuen Zelle reguliert.

Die DNA wird schon zu einem frühen Zeitpunkt des Zellzyklus kopiert, der Zeitraum, in dem sich die DNA-Synthese vollzieht, ist die sogenannte S-Phase. Anschließend – im Rahmen eines Vorgangs, der als Mitose bezeichnet wird – erfolgt die Trennung der frisch kopierten Chromosomen. Auf diese Weise ist gewährleistet, dass die neuen Zellen, die bei der Zellteilung entstehen, beide vollständige Genome haben. Diese Geschehnisse des Zellzyklus verdeutlichen einen wichtigen Aspekt des Lebens: Sie beruhen alle auf chemischen Reaktionen, die allerdings hochkomplex sind. Für sich genommen lassen sich diese Reaktionen noch nicht als Leben bezeichnen. Das beginnt erst, wenn all die vielen hundert Reaktionen, die erforderlich sind, um eine neue Zelle zu bilden, so zusammenwirken, dass sie sich zu einem vollständigen, einem bestimmten Zweck dienenden System vereinen. Darin besteht die Leistung des Zellzyklus für die Zelle: Er erweckt die Chemie der DNA-Replikation zum Leben und erfüllt damit seinen *Zweck*: die Reproduktion der Zelle.

Wie immens wichtig der Zellzyklus für das Verständnis des Lebens ist, begann ich mit Anfang zwanzig zu begreifen, als ich Doktorand an der University of East Anglia in Norwich war und nach einem Forschungsprojekt suchte, um meine wissenschaftliche Laufbahn fortzusetzen. Allerdings dachte ich nicht, dass der Forschungsgegenstand, mit dem ich mich in den 1970er Jahren zu beschäftigen begann, die lebenslange Leidenschaft meiner wissenschaftlichen Tätigkeit bleiben würde.

Wie die meisten anderen Prozesse im Leben von Zellen unterliegt der Zellzyklus der Kontrolle von Genen und den Proteinen, die von diesen Genen hergestellt werden. Jahrelang war das erklärte Ziel meines Labors, die spezifischen Gene, die für den Zellzyklus verantwortlich sind, zu identifizieren und herauszufinden, wie sie funktionieren. Dazu haben wir eine Spalthefe verwendet (genauer: *Schizosaccharomyces pombe*, eine Hefeart, die in Ostafrika zur Herstellung von Bier verwendet wird), weil sie, obwohl relativ einfach, einen Zellzyklus aufweist, der demjenigen vieler anderer lebender Organismen ähnelt, auch viel größeren, mehrzelligen Arten wie der unseren. Wir begannen nach Hefestämmen zu suchen, bei denen *mutierte* Gene am Zellzyklus beteiligt waren.

Genetiker verwenden die Wörter *mutieren* und *Mutante* auf eine ganz bestimmte Weise. Ein mutiertes Gen ist nicht unbedingt abnorm oder defekt; es kann sich auch einfach um eine andere Variante des Gens handeln. Die verschiedenen Pflanzenvarietäten, die Mendel kreuzte, etwa die mit violetten oder weißen Blüten, unterschieden sich durch Mutationen in einem Gen, das für die Bestimmung der Blütenfarbe zuständig ist. Folgt man dieser Logik, kann man Personen mit unterschiedlichen Augenfarben als verschiedene Mutantenstämme des Menschen betrachten. Häufig lässt sich beim besten Willen nicht sagen, welche dieser verschiedenen Varianten als »normal« anzusehen sind.

Zu Mutationen kommt es, wenn die DNA-Sequenz eines Gens verändert, neu geordnet oder entfernt wird. In der Regel ist die Ursache eine Schädigung der Zelle – etwa durch UV-Strahlung oder chemische Einwirkungen – oder einer der gelegentlichen Fehler, die im Verlauf der DNA-Replikation und Zellteilung auftreten. Die Zelle verfügt über hochentwickelte Mechanismen, um solche Fehler aufzuspüren und zu reparieren, weshalb Mutationen im Normalfall eher selten sind. Man schätzt, dass es im Durchschnitt bei jeder Ihrer Zellteilungen zu drei geringfügigen Mutationen kommt: eine beeindruckend niedrige Fehlerquote von rund eins pro einer Milliarde kopierter DNA-Buchstaben. Doch sobald

Mutationen stattgefunden haben, können sie veränderte Genformen hervorbringen, die veränderte Proteine herstellen. Diese sind ihrerseits in der Lage, die Biologie der Zellen zu verändern, zu deren Erbgut sie nun gehören.

Einige Mutationen führen zu Neuerungen, weil sie die Funktionen eines Gens verändern, was gelegentlich nützlich sein kann, aber in vielen Fällen hindern Mutationen ein Gen daran, seine eigentliche Funktion auszuüben. Manchmal kann die Veränderung eines einzigen DNA-Buchstabens weitreichende Folgen haben. Wenn ein Kind beispielsweise zwei Kopien einer Variante des beta-Globin-Gens erbt – mit einer Veränderung in einer einzigen DNA-Base –, ist sein Hämoglobin weniger effektiv, und es entwickelt die Blutkrankheit Sichelzellanämie.

Um zu erkennen, wie Spalthefe-Zellen ihren Zellzyklus kontrollieren, suchte ich nach Stämmen, die nicht zu einer normalen Teilung fähig waren. Ich wusste, wenn wir diese Mutanten fanden, konnten wir die für den Zellzyklus erforderlichen Gene bestimmen. Meine Kollegen und ich begannen nach Spalthefe-Mutanten Ausschau zu halten, die zwar nicht mehr zur Zellteilung fähig waren, aber durchaus noch wachsen konnten. Diese Zellen waren unter dem Mikroskop ziemlich leicht auszumachen, weil sie wuchsen, ohne sich zu teilen, und daher ungewöhnlich groß wurden. Im Laufe der Jahre, tatsächlich der nächsten vierzig Jahre, entdeckte unser Labor mehr als 500 großzellige Hefestämme mit Mutationen, die solche für spezifische Abläufe im Zellzyklus zuständigen Gene inaktivierten. Daraus folgte, dass mindestens 500 Gene an dem Zellzyklus beteiligt sind, das entspricht rund 10 Prozent des gesamten Satzes von 5000 Spalthefe-Genen.

Das war ein Fortschritt, weil die Hefezelle diese Gene offensichtlich brauchte, um den Zellzyklus zu vollenden. Doch es bedeutete nicht unbedingt, dass sie den Zellzyklus *kontrollieren*. Wenn Sie das Geschehen mit der Funktionsweise eines Autos vergleichen, so finden Sie viele Komponenten, die, wenn sie ausfallen, das Auto zum Stehen bringen: zum Beispiel Räder, Achsen, Fahrgestell und Motor. Diese Teile sind natürlich alle wichtig, aber keines von ihnen dient dem Fahrer zum Regulieren der Fahrgeschwindigkeit. Beim Zellzyklus also wollten wir Gaspedal, Getriebe und Bremsen finden, das heißt die Gene, die regeln, wie *schnell* die Zelle den Zellzyklus durchläuft.

Auf das Erste dieser Kontrollgene des Zellzyklus stieß ich durch reinen Zufall. Ich erinnere mich noch lebhaft an den Augenblick im Jahr 1974, als ich mit dem Mikroskop mühselig nach weiteren Kolonien abnorm vergrößerter mutierter Hefezellen suchte – eine ziemliche Quälerei, weil auf zehntausend Kolonien, die ich untersuchte, nur eine kam, die wirklich von Interesse war. Ich brauchte immer einen ganzen Morgen oder Nachmittag, um eine dieser Mutanten zu finden, und an einigen Tagen entdeckte ich überhaupt keine. Dann stieß ich auf eine Kolonie mit ungewöhnlich kleinen Zellen. Zunächst dachte ich, Bakterien hätten meine Petrischale kontaminiert, eine Enttäuschung, die bei dieser Arbeit ziemlich häufig ist. Bei genauerem Hinsehen wurde mir klar, dass sie doch ein interessanterer Fund sein könnten. Vielleicht waren sie Hefemutanten, die den Zellzyklus im Eiltempo durchliefen, bevor sie Zeit hatten zu wachsen, und sich daher teilten, als sie noch nicht ausgewachsen waren?

Diese Idee erwies sich als zutreffend; die mutierten Zellen waren tatsächlich in einem Gen verändert, das regelte, wie rasch eine Zelle Mitose und Teilung absolvieren und so ihren Zellzyklus vollenden konnte. Das war genau die Art von Gen, die ich zu finden hoffte. Im Grunde genommen waren diese Zellen wie Autos mit einem schadhaften Gaspedal, das den Wagen, oder in diesem Fall den Zellzyklus, beschleunigte. Die winzigen Stämme bezeichnete ich als »Wee-Mutanten«, weil man sie in Edinburgh isoliert hatte und weil »wee« das schottische Wort für »klein« ist. Ich muss gestehen, nach einem halben Jahrhundert ist der Witz ziemlich abgedroschen!

Wie sich zeigte, arbeitete das Gen, das in diesem ersten Wee-Mutanten isoliert worden war, mit einem zweiten noch wichtigeren Gen zusammen, das gewissermaßen im Kontrollzentrum des Zellzyklus saß. Monatelang hatte ich mich damit beschäftigt, verschiedene Stämme kleinzelliger Wee-Mutanten zu isolieren und mit großer Mühe fünfzig von ihnen zusammenbekommen. Das war eine noch größere Schinderei als die Suche nach abnorm großzelligen Mutanten: Es dauerte fast eine Woche, um eine zu finden. Erschwert wurde diese Aufgabe noch dadurch, dass die meisten Stämme, die ich so mühselig identifizierte, nur von bedingtem Interesse waren, weil sie alle kleine Mutationen des gleichen Gens aufwiesen, das ich ursprünglich *wee1* genannt hatte.

An einem regnerischen Nachmittag entdeckte ich eine weitere *wee*-Mutante. Dieses Mal war die Petrischale ganz gewiss kontaminiert: Die Schale und die abnorm kleinen Hefezellen, die ich gefunden hatte, war mit den langen Auswüchsen eines eindringenden Pilzes bedeckt.

Ich war müde und wusste, dass es eine langwierige und nervtötende Arbeit war, einen solchen Pilz loszuwerden. Auf jeden Fall nahm ich an, dieser neue Stamm werde höchstwahrscheinlich nur eine andere mutierte Form des Gens *wee1* enthalten. Daher warf ich die Petrischale samt Inhalt in einen Mülleimer und fuhr zum Tee nach Hause.

Später am Abend machte ich mir Vorwürfe. Was, wenn sich gerade *diese* Mutante von den anderen fünfzig *wee*-Mutanten unterschied? Ausgerechnet an diesem Abend war es besonders finster und regnerisch in Edinburgh, trotzdem stieg ich auf mein Fahrrad und fuhr den Hügel hoch in mein Labor. In den nächsten Wochen gelang es mir, die neue *wee*-Mutante von dem eindringenden Pilz zu isolieren. Und dann stellte sich – zu meiner größten Begeisterung – heraus, dass diese nicht einfach eine weitere Variante des *wee1*-Gens war, sondern ein vollkommen neues Gen und letztlich der Schlüssel zum Verständnis der Regulation des Zellzyklus.

Ich nannte mein neues Gen *cell division cycle 2* (Zellteilungszyklus 2) oder abgekürzt *cdc2*. Später habe ich mir manches Mal gewünscht, ich hätte diesem zentralen Teil des Zellzyklus einen eleganteren oder zumindest einprägsameren Namen gegeben! Nicht zuletzt, weil Sie in diesem Buch noch einiges mehr über *cdc2* erfahren werden.

In der Rückschau klingt das alles – sowohl die praktische wie die theoretische Arbeit – reichlich einfach. Auch das Glück hat eine große Rolle gespielt: Sowohl beim zufälligen Fund der *wee*-Mutante, nach der ich noch nicht einmal gesucht hatte, wie auch bei dem seltsamen Zufall, dass mich ausgerechnet das »fehlgeschlagene« Experiment, das ich aus dem Mülleimer holte, zu dem entscheidenden Faktor für die Kontrolle des Zellzyklus führte. In der Wissenschaft können einfache Experimente und Gedanken überraschend aufschlussreich sein, besonders wenn sie mit ausreichend Fleiß, Zuversicht und – natürlich – dem nötigen Quäntchen Glück verbunden sind.

Die meisten dieser Experimente führte ich als Nachwuchswissenschaftler durch, zu Hause hatte ich eine junge Familie, und mein Arbeitsplatz war das Labor von Professor Murdoch Mitchison in Edinburgh. Er stellte mir den Platz und die Ausrüstung zur Verfügung, die ich für meine Experimente brauchte, und versorgte mich auf das Freigiebigste mit Rat und Kommentaren zu meiner Arbeit. Trotz all dieser Hilfe weigerte er sich, in irgendeinem meiner Artikel als Koautor zu erscheinen, weil er fand, er habe nicht genügend dazu beigetragen. Was natürlich nicht stimmte. Großzügigkeit dieser Art bin ich immer wieder in der Wissenschaft begegnet, obwohl sie nicht die Aufmerksamkeit bekommt, die ihr gebührt. Murdoch war ein interessanter Mann. Großzügig, wie gesagt, etwas schüchtern und vollkommen in Anspruch genommen von seiner Forschung. Es kümmerte ihn wenig, ob sich andere für das interessierten, was er tat; er folgte seinem inneren Kompass. Weilte Murdoch noch unter uns, wäre er wohl wenig begeistert, dass ich ihn hier so hervorhebe, aber schließlich verdanke ich ihm die Erkenntnis, dass die beste Forschung zugleich extrem individuell und äußerst gemeinschaftlich ist.

Das Leben kann nicht ohne Gene existieren: Alle Zellen und Organismen einer neuen Generation müssen die für ihr Wachstum, ihre Funktion und Reproduktion erforderlichen genetischen Anweisungen erben. Daraus folgt, dass Lebewesen auf lange Sicht nur überdauern können, wenn sie sich sehr genau und sorgfältig replizieren können. Nur so können die DNA-Sequenzen trotz ständiger Zellteilungen Konstanz bewahren und sich auf dem »Prüfstand der Zeit« behaupten. Das erreichen die Zellen mit beeindruckender Genauigkeit. Das Ergebnis sehen wir überall. Die DNA-Sequenz der weit überwiegenden Mehrheit der 22 000 Gene, die unsere Zellen kontrollieren, ist fast vollständig identisch mit denen aller anderen Menschen, die heute auf unserem Planeten leben. Sie sind auch weitgehend ununterscheidbar von denen unserer Vorfahren, die vor vielen Zehntausend Jahren im Dunkel vorgeschichtlicher Zeiten jagten, sammelten und sich Geschichten am Lagerfeuer erzählten. Insgesamt belaufen sich die Mutationen, die Ihre angeborenen Merkmale von meinen und uns beide von unseren frühen Vorfahren unterscheiden, auf einen winzigen Bruchteil – weniger als ein Prozent – Ihres gesamten DNA-Codes. Das ist eine der bedeutendsten Entdeckungen der Genetik im 20. Jahrhundert: Unsere Genome, deren jedes drei Milliarden DNA-»Buchstaben« lang ist, weisen unabhängig von Geschlecht, Ethnizität, Religion und sozialer Schicht eine enorme Ähnlichkeit auf. Das ist ein wichtiges, unsere universelle Gleichheit belegendes Faktum, das alle Gesellschaften unseres Planeten berücksichtigen sollten.

Allerdings können wir auch die verstreuten Variationen, die wir in unseren Genen tragen, nicht vernachlässigen. Obwohl sie alles in allem eine kleine Minderheit bilden, können sie erhebliche Auswirkungen auf unsere

Biologie und Lebensgeschichte haben. Einige dieser Varianten teilen meine Töchter und Enkelkinder mit mir, und sie erklären einige Aspekte unserer Familienähnlichkeit. Andere Genvarianten hat jeder von uns ganz allein, sie gehören zu den Faktoren, die uns zu unverwechselbaren Individuen machen, indem sie auf unmerkliche oder merkliche Art unser körperliches Erscheinungsbild, unseren Gesundheitszustand und unsere Denkweise beeinflussen.

Die Genetik ist von zentraler Bedeutung für unser aller Leben, sie prägt unser Identitätsgefühl und unsere Weltsicht. Ziemlich spät in meinem Leben entdeckte ich etwas ziemlich Überraschendes in meiner eigenen Genetik. Ich bin in einer Arbeiterfamilie aufgewachsen; mein Vater ging in eine Fabrik und meine Mutter war Putzfrau. Alle meine Brüder und Schwestern verließen die Schule mit fünfzehn, so war ich der einzige, der an der Schule blieb und später zur Universität ging. Ich hatte eine glückliche und behütete, wenn auch etwas altmodische Kindheit. Meine Eltern waren etwas älter als die meiner Freunde, und ich scherzte oft, dass es sich anfühlte, als sei ich bei meinen Großeltern aufgewachsen.

Viele Jahre später beantragte ich eine »Greencard«, damit ich in den USA wohnen und mein neues Amt als Präsident der Rockefeller University in New York antreten konnte. Zu meiner Überraschung wurde meine Bewerbung abgelehnt. Als Grund nannte das Department of Homeland Security, die Version der Geburtsurkunde, die ich mein Leben lang verwendet hätte, führe meine Eltern nicht auf. Verärgert beantragte ich eine vollständige Version meiner Geburtsurkunde. Als ich den Umschlag öffnete, der das neue Zertifikat enthielt, erwartete mich ein Schock. Denn es zeigte mir, dass meine Eltern nicht meine Eltern, sondern in Wirklichkeit meine Großeltern waren. Meine Schwester war in Wirklichkeit meine Mutter. Wie sich herausstellte, wurde sie mit siebzehn schwanger, und da Unehelichkeit damals immer noch als Schande galt, wurde sie zu ihrer Tante nach Norwich geschickt und brachte mich dort zur Welt. Als ich nach London zurückkehrte, gab meine Großmutter sich als meine Mutter aus und zog mich auf, um ihre Tochter zu schützen. Die eigentliche Ironie dieser Entdeckung lag natürlich darin, dass ich, obwohl Genetiker, meine eigene Genetik nicht kannte! Da alle Menschen, die in die Ereignisse eingeweiht waren, inzwischen gestorben sind, weiß ich immer noch nicht, wer mein Vater ist: An der Stelle der Geburtsurkunde, wo sein Name stehen sollte, steht nur ein Strich.

Alle Individuen werden mit einer relativ kleinen Zahl von neuen genetischen Varianten geboren, die in der Regel zufällig entstehen und nicht mit einem der biologischen Eltern geteilt werden. Abgesehen davon, dass diese erblichen Unterschiede dem einzelnen Organismus seine Unverwechselbarkeit verleihen, erklären sie auch, warum lebende Arten über längere Zeiträume nicht statisch und unveränderlich bleiben. Das Leben ist ständig mit Experimenten, Innovationen und Anpassungen beschäftigt, während es die Welt verändert, und sich die Welt, von der es umgeben ist, verändert. Damit das möglich ist, müssen die Gene eine Gratwanderung vollziehen, das heißt, einerseits der Notwendigkeit Rechnung tragen, Informationen zu bewahren, um relativ gleich zu bleiben, und andererseits die Fähigkeit aufbringen, sich zu verändern, und zwar gelegentlich tiefgreifend. Das nächste Konzept zeigt uns, wie sich diese Fähigkeit entwickelte und wie das Leben dank ihrer eine so überwältigende Vielfalt gewann.

Das Konzept ist Evolution durch natürliche Selektion.

3.
Evolution durch natürliche Selektion
Zufall und Notwendigkeit

Auf unserem Planeten wimmelt es von außerordentlich unterschiedlichen Lebensformen. Der gelbe Schmetterling am Anfang dieses Buchs war ein Zitronenfalter, ein früher Vorbote des Frühlings. Mit seinen zarten gelben Flügeln ist er ein schönes Beispiel für die erstaunliche Vielfalt der Insektenklasse.

Ich mag Insekten, vor allem Käfer, die ich als Teenager zu meinem Hobby machte. Käfer sind unglaublich mannigfaltig – einige Forscher vertreten die Ansicht, es gebe weltweit über eine Million verschiedener Arten. Damals in England bestaunte ich gepanzerte Laufkäfer, die blitzschnell unter Steinen verschwanden, Käfer, die bei Nacht leuchteten, rote und schwarze Marienkäfer, die in unserem Garten Blattläuse verspeisten, kraftvolle Schwimmkäfer in den Teichen und Rüsselkäfer in den Blüten. Käfer vermitteln uns die Kakophonie der Vielfalt; sie zeigen in einem Mikrokosmos die unendliche Variabilität alles Lebenden.

Manchmal kann das Leben in all seinen verschiedenen Formen überwältigend erscheinen: Wir teilen unseren Planeten mit zahllosen Tieren, Vögeln, Fischen, Insekten, Pflanzen, Pilzen und einer noch größeren Menge unterschiedlicher Mikroorganismen, die offenbar perfekt an ihre jeweilige Lebensweise und Umwelt angepasst sind. Kein Wunder, dass die meisten Menschen jahrtausendelang glaubten, diese ganze Vielfalt müsse dem Wirken eines göttlichen Schöpfers entsprungen sein.

Schöpfungsmythen gibt es in Hülle und Fülle. Wenn man den jüdisch-christlichen Mythos der Genesis wörtlich nimmt, wird dort behauptet, das Leben sei in wenigen Tagen erschaffen worden. Der grundlegende Gedanke, dass jede einzelne Art von einem Schöpfer gestaltet worden sei, veranlasste den Genetiker J. B. S. Haldane im 20. Jahrhundert zu der ironischen Feststellung, wer immer Gott sei, er müsse »eine ungewöhnliche Vorliebe für Käfer haben«.

Während des 18. und 19. Jahrhunderts begannen die Forscher, die hochentwickelten Mechanismen von Lebewesen mit denen jener komplizierten Maschinen zu vergleichen, die während der Industriellen Revolution entworfen und konstruiert wurden. Diese Vergleiche verstärkten religiöse Überzeugungen oft noch: Wie konnte solche Komplexität ohne das Zutun eines höheren Konstrukteurs, eines intelligenten Designers, zustande kommen?

1802 lieferte der Geistliche William Palex ein anschauliches Beispiel für diese Denkweise. Er meinte, wir sollten uns vorstellen, wir fänden auf einem Spaziergang eine Uhr. Wenn wir sie öffneten und ihren komplizierten Mechanismus untersuchten, müssten wir zwangsläufig zu dem Schluss gelangen, dass sie zum Zweck der Zeitmessung entworfen worden sei, mit anderen Worten, dass sie das Werk eines intelligenten Schöpfers sei. Nach Paley muss die gleiche Logik für die komplizierten lebenden Mechanismen gelten.

Heute wissen wir, dass komplexe Lebensformen, die zweckmäßig organisiert sind, keines wie auch immer gearteten Konstrukteurs bedürfen, und dass der Grund dafür die natürliche Selektion ist.

Sie ist der außerordentlich kreative Prozess, der uns und die spektakuläre Vielfalt der uns umgebenden Lebensformen hervorgebracht hat – von den Millionen unterschiedlicher Mikroorganismen über die gewaltigen Oberkiefer des Hirschkäfers, die dreißig Meter langen Tentakel der Gelben Haarqualle bis hin zu den mit Flüssigkeit gefüllten Fallen der fleischfressenden Kannenpflanzen und den opponierbaren Daumen der Menschenaffen, einschließlich unserer selbst. Ohne jemals von den wissenschaftlichen Gesetzen abzuweichen oder auf übernatürliche Phänomene zurückzugreifen, hat die Evolution durch natürliche Selektion Geschöpfe von zunehmender Komplexität und Vielfalt hervorgebracht. Über unvorstellbar lange Zeiträume setzten sich verschiedene Arten durch und veränderten ihr Erscheinungsbild bis zur Unkenntlichkeit, während sie neue Möglichkeiten erkundeten und mit verschiedenen Umwelten und anderen Lebewesen interagierten. Alle Arten, einschließlich unserer eigenen, befinden sich in ständigem Wandel, um am Ende auszusterben oder sich zu einer neuen Art zu entwickeln.

Für mich ist diese Geschichte des Lebens nicht weniger geheimnisvoll und wundersam als irgendein kreationistischer Mythos. Während wir in den meisten religiösen Geschichten Schöpfungsakten begegnen, die uns vertraut oder sogar etwas banal erscheinen, und mit Zeiträumen zu tun haben, die wir leicht verstehen können, zwingt uns die natürliche Selektion zur Vergegenwärtigung von Zeiträumen, die das Vorstellungsvermögen auf eine harte Probe stellen, und von Ereignissen, die uns in ihrer Großartigkeit überwältigen. Sie ist ein vollkommen ungerichteter und gradueller Prozess, doch wenn sie in unfassbar große Zeiträume eingebettet ist – im wissenschaftlichen Jargon gelegentlich als »Tiefenzeit« bezeichnet –, wird sie zu einer unvergleichlichen schöpferischen Kraft.

Der bedeutendste Vertreter der Evolutionstheorie ist Charles Darwin, der Naturforscher, der im 19. Jahrhundert auf dem winzigen englischen Kriegsschiff *HMS Beagle* die Welt umsegelte und dabei eine umfangreiche Sammlung von Pflanzen, Tieren und Fossilien anlegte. Unermüdlich trug er Beobachtungen zusammen, die die Evolutionstheorie belegten, und entwickelte das großartige Konzept der natürlichen Selektion, das eine Erklärung für den Evolutionsprozess lieferte. Alle diese Gedanken legte er 1859 in seinem Buch *On the Origin of Species* (*Über die Entstehung der Arten*) dar. Von allen großen Ideen der Biologie ist die Evolution wahrscheinlich die bestbekannte, wenn auch nicht die bestverstandene.

Darwin hat nicht als Erster behauptet, dass das Leben sich im Laufe der Zeit entwickelt habe. Wie er in der *Entstehung der Arten* berichtet, vertrat Aristoteles die Auffassung, Körperteile von Tieren könnten im Laufe langer Zeiträume erscheinen oder verschwinden. Ende des 18. Jahrhunderts ging der französische Wissenschaftler Jean-Baptiste Lamarck noch einen Schritt weiter, indem er behauptete, dass verschiedene Arten in verwandtschaftlichen Beziehungen zueinander stünden.

Durch Anpassung wandelten sich die Arten allmählich, indem sich ihr Erscheinungsbild in Reaktion auf Veränderungen der Umwelt und ihrer Lebensgewohnheiten umforme. Besonders bekannt ist seine These, die Giraffen hätten ihren langen Hals bekommen, weil sich jede Generation höher gereckt habe, um höhere Äste an den Bäumen zu erreichen, und irgendwie seien die Ergebnisse dieses Bemühens an die Nachkommen weitergegeben worden, so dass diese dann etwas längere Hälse hatten. Heute werden Lamarcks Ideen nicht recht gewürdigt, weil er die Einzelheiten des Prozesses nicht verstanden hat, aber ihm gebührt das große Verdienst, das Phänomen der Evolution – wenn auch nicht ihre Ursache – als Erster umfassend beschrieben zu haben.

Und Lamarck hat auch nicht als Einziger solche Spekulationen über die Entwicklung der Arten angestellt. Sogar in Charles' eigener Familie gibt es einen Vorläufer – sein vielseitig begabter Großvater Erasmus Darwin war ein früher und begeisterter Anhänger der Evolution. »*E conchis omnia*« – »Alles aus den Muscheln« trug seine Kutsche als Inschrift, Ausdruck seiner Überzeugung, dass sich alles Leben aus einfacheren Vorfahren entwickelt habe, wie etwa dem formlosen Klumpen eines Weichtiers in seiner Schale. Allerdings musste er das Motto entfernen lassen, nachdem ihm der Dekan von Lichfield vorgeworfen hatte, er verleugne »seinen Schöpfer«. Erasmus willigte ein, schließlich war er ein erfolgreicher Arzt und wusste, dass er, hätte er es nicht getan, Gefahr gelaufen wäre, seine ehrbaren, und daher wohlhabenderen Patienten zu verlieren. Außerdem galt er damals als vorzüglicher Dichter, so dass er seine Ansichten auch in den

Versen seines Gedichts *Der Tempel der Natur* darlegen konnte:

Zuerst gebar das küstenlose Meer
Der niedern Wesen unermesslich Heer,
In Perlenhöhlen, mikroskopisch klein,
Auf schlamm'gem Grunde regt sich's zart und fein;
Durch Reihen von Geschlechtern blüh'n sie dann
Zu neuer Kraft und Gliederpracht heran,
Und Wesen ohne Zahl daraus entspringen.
*Mit Blättern, Flossen, Füßen oder Schwingen.**

Sein Ruf als Dichter hat wohl nicht überlebt, was vielleicht verständlich sein mag, aber sein Ruf als Wissenschaftler steht außer Frage. Dennoch nahmen seine Verse Aspekte der Überlegungen vorweg, die sein besser bekannter Enkel anstellte.

Charles Darwin setzte sich wissenschaftlicher und systematischer mit der Evolution auseinander, auch entschied er sich für konventionellere Kommunikationsmittel – Prosa statt Verse. Aus heimischen und überseeischen Fossilbelegen und Untersuchungen an Pflanzen und Tieren trug er ungeheure Mengen an Beobachtungsdaten zusammen. Mit ihrer Hilfe entwickelte er überzeugende Anhaltspunkte für die von Lamarck, seinem Großvater und anderen geteilte Auffassung, dass sich lebende Organismen *tatsächlich* weiterentwickeln. Doch Darwin ging über sie hinaus, als er die natürliche Selektion als den *Mechanismus* der Evolution ins Spiel brachte. Er fügte alle Einzeldaten in einen Gesamtzusammenhang ein und

* Zitiert in: Ernst Krause, *Erasmus Darwin und seine Stellung in der Geschichte der Descendenz-Theorie,* Leipzig 1880, S. 166.

zeigte der Welt, wie der Evolutionsprozess tatsächlich ablaufen konnte.

Das Konzept der natürlichen Selektion stützt sich auf die Tatsache, dass in Populationen lebender Organismen Variationen auftreten. Wenn diese Varianten durch genetische Veränderungen verursacht sind, werden sie von einer Generation an die nächste vererbt. Einige dieser Varianten wirken sich auf Merkmale aus, die ihren Trägern bei der Reproduktion Vorteile verschaffen. Dank diesem Fortpflanzungserfolg stellen die Träger der Varianten in der nächsten Generation einen größeren Prozentsatz der Population. Wenn wir beispielsweise an den langen Hals der Giraffe denken, so liegt der Schluss nahe, dass das zufällige Auftreten und die Häufung der Varianten, die das Skelett und die Muskeln etwas veränderten, einigen der Vorfahren unserer Giraffen ermöglichten, mit dem Kopf etwas höher in die Bäume hinaufzureichen, mehr Blätter zu fressen und infolgedessen mehr Nährstoffe aufzunehmen. Diese Individuen erwiesen sich als widerstandsfähiger und reproduktiver, so dass die Giraffenherden in den Savannen Afrikas allmählich von Individuen mit längeren Hälsen dominiert wurden. Das bezeichnen wir als *natürliche* Selektion, da vielfältige *natürliche* Faktoren – etwa Konkurrenz um Nahrung oder Paarungspartner, die Wirkung von Krankheiten und Parasiten –, dafür sorgen, dass einige Individuen mit den Verhältnissen besser zurechtkommen als andere und daher mehr Nachkommen in die Welt setzen.

Unabhängig von Darwin beschrieb der Naturforscher und Sammler Alfred Wallace den gleichen Prozess. Weniger bekannt ist der Umstand, dass beide sich auf Spekulationen über die natürliche Selektion stützten, die zu einem früheren Zeitpunkt des Jahrhunderts angestellt wurden, vor allem von dem schottischen Grundbesitzer Patrick Matthew, der 1831 in seinem Buch über Schiffsholz darüber schrieb. Trotzdem, Darwin hat als Erster das vollständige Konzept auf überzeugende, umfassende und nach wie vor schlüssige Weise dargelegt.

Die Menschen machen sich diesen Prozess schon seit Jahrtausenden zu eigen, um Organismen mit bestimmten Merkmalen zu züchten. Das ist die sogenannte *künstliche* Selektion. Tatsächlich hat Darwin, als er seine Ideen über natürliche Selektion entwickelte, beobachtet, wie Taubenliebhaber bestimmte Individuen zur Paarung auswählten und auf diese Weise eine Vielzahl von Varietäten züchteten. Die künstliche Züchtung kann spektakuläre Ergebnisse erzielen. So haben wir die wilden Grauwölfe in den besten Freund des Menschen verwandelt und Hunderassen gezüchtet, die vom winzigen Chihuahua bis zur mächtigen Dänischen Dogge reichen. Mithilfe dieser Methode haben wir auch aus dem Wildkohl eine ganze Reihe von Nutzpflanzen gemacht: Brokkoli, Weißkohl, Blumenkohl, Grünkohl und Kohlrabi. Diese Verwandlungen vollzogen sich über eine relativ bescheidene Zahl von Generationen, was uns eine Ahnung davon vermittelt, welche Macht dem evolutionären Prozess innewohnt, wenn er sich während vieler Millionen Jahre ungehindert entfalten kann.

Die natürliche Selektion führt zum *survival of the fittest* (Überleben der Fittesten*) – nebenbei bemerkt, ein Ausdruck, den Darwin selbst nicht verwendete – und da-

* Das heißt, der Angepasstesten oder Anpassungsfähigsten. [A. d. Ü.]

mit zur Eliminierung von nicht konkurrenzfähigen Individuen. Infolge dieses Prozesses akkumulieren in den Populationen bestimmte genetische Veränderungen, die letztlich dauerhafte Veränderungen in Form und Funktion lebender Arten bewirken. Das kann erklären, warum einige Käfer rotgefleckte Flügeldecken entwickelten, während andere die Fähigkeit erwarben, zu schwimmen, Mistkugeln zu formen oder im Dunkeln zu leuchten.

Die natürliche Selektion ist ein brillantes Konzept, dessen Bedeutung weit über die Biologie hinausreicht und in zahlreichen anderen Disziplinen, nicht zuletzt in der Wirtschaftswissenschaft und der Informatik, einen hohen Erklärungswert und praktischen Nutzen beweist. Beispielsweise werden heute einige Softwareaspekte und Maschinenteile etwa in der Flugzeugindustrie durch Algorithmen optimiert, die die natürliche Selektion nachahmen. Diese Produkte werden evolutionär entwickelt und nicht nach traditionellen Methoden entworfen und konstruiert.

Zur Evolution kann es nur kommen, wenn lebende Organismen drei entscheidende Merkmale aufweisen.

Erstens müssen sie sich fortpflanzen können.

Zweitens brauchen sie ein Vererbungssystem, durch das Informationen, die die Merkmale des Organismus definieren, während des Reproduktionsprozesses kopiert und vererbt werden.

Drittens muss das Vererbungssystem Variabilität besitzen, und auch diese Variabilität muss während der Reproduktion vererbt werden. Diese Veränderlichkeit ist die Basis, auf der die natürliche Selektion arbeitet. Letztere erzeugt aus langsam und zufällig entstandenen Varianten im Laufe der Zeit die scheinbar grenzenlose und ständig sich wandelnde Vielfalt der uns umgebenden Lebensformen.

Außerdem müssen die lebenden Organismen sterben, damit dieser Prozess richtig funktionieren kann. Nur so ist die nächste Generation, die möglicherweise konkurrenzfähigere genetische Varianten enthält, in der Lage, deren Vorgänger zu ersetzen.

Die drei notwendigen Merkmale ergeben sich unmittelbar aus dem Konzept der Zelle und des Gens. Alle Zellen reproduzieren sich während des Zellzyklus, und alle Zellen haben ein Erbsystem, dessen auf den Chromosomen liegende Gene während der Mitose und der Zellteilung kopiert und vererbt werden. Die Variation kommt durch das zufällige Auftreten von Mutationen ins Spiel, die die DNA-Sequenzen verändern – wie diejenige, die mir die Entdeckung des *cdc2*-Gens ermöglichte. Entweder entstehen solche Mutationen durch seltene Fehler beim Kopieren der Doppelhelix oder durch umweltbedingte Schädigungen der DNA. Zellen reparieren solche Mutationen, aber sie sind nicht in jedem Fall erfolgreich. Gelänge ihnen das, wären alle Individuen einer Art identisch, und die Evolution käme zum Stillstand. Mit anderen Worten, die Fehlerrate ist der eigentliche Motor der natürlichen Selektion. Ist diese Fehlerrate zu hoch, entartet das Genom und wird bedeutungslos, werden die Fehler andererseits zu selten, verringert sich die Aussicht auf evolutionäre Veränderung. Auf lange Sicht werden diejenigen Arten am erfolgreichsten sein, die das richtige Gleichgewicht zwischen Konstanz und Wandel herstellen können.

Bei komplexen eukaryotischen Organismen kommt im Laufe des sexuellen Reproduktionsprozesses eine weitere Variabilität hinzu, weil während der *Meiose* – bei den Zellteilungen, aus denen die Geschlechtszellen (auch Keimzellen genannt: Samenzellen und Eizellen bei Tieren, Pollen und Samenanlagen bei Blütenpflanzen) hervorgehen – Teile der Chromosomen neu angeordnet werden. Das ist der Hauptgrund, warum Geschwister genetische Unterschiede aufweisen: Wenn wir die Gene ihrer Eltern als ein Kartenspiel betrachten, werden an die Nachkommen unterschiedliche genetische »Blätter« ausgegeben.

Viele andere Organismen erzeugen Variation, indem sie DNA-Sequenzen direkt zwischen verschiedenen Individuen »verschieben«. Das ist bei weniger komplexen Organismen wie Bakterien, die Gene miteinander, aber auch mit komplexeren Organismen austauschen können, an der Tagesordnung. Diesen Prozess nennen wir horizontalen Gentransfer. Unter anderem aus diesem Grund können sich Gene, die bestimmte Bakterien resistent gegen Antibiotika machen, so rasch in ganzen Bakterienpopulationen und sogar in nicht verwandten Arten verbreiten. Infolge des horizontalen Gentransfers ist es auch schwerer, einige Abstammungslinien in der evolutionären Zeit zurückzuverfolgen, weil er bewirkt, dass die Vererbung von Genen (der Genfluss) von einem Ast des Lebensbaums in einen anderen übergehen kann.

Doch egal, wie die Genvariabilität zustande kommt, um den evolutionären Wandel voranzutreiben, muss sie die nachfolgende Reproduktion überstehen und Populationen von Organismen hervorbringen, die ihre Variationen in jeder denkbaren Dimension entfalten, gleich, ob es sich um winzige Unterschiede in der Krankheitsresistenz, der Attraktivität für Paarungspartner, der Nahrungstoleranz oder irgendwelche anderen Merkmale handelt. Die natürliche Selektion kann dann die hilfreichen von den schädlichen Varianten scheiden.

Eine weitreichende Konsequenz der Evolution durch natürliche Selektion besteht darin, dass alles Leben durch Abstammung mit allem anderen Leben verbunden ist. Wenn wir also die Entfaltung des Lebensbaums nach rückwärts verfolgen, sehen wir die Zweige zunehmend zu dickeren Ästen zusammenlaufen und schließlich in einem einzigen Stamm enden. Daher lautet die Schlussfolgerung, dass wir Menschen mit allen anderen Lebensformen auf diesem Planeten verwandt sind. Mit einigen, etwa den Menschenaffen, sind wir eng verwandt, weil wir uns auf benachbarten Zweigen des Baums befinden, und zu anderen, wie meiner Hefe, ist das Verwandtschaftsverhältnis lockerer, weil wir erst an einem Punkt, der viel weiter in der Zeit zurückliegt, »zusammenkommen«, näher am Hauptstamm des Lebensbaums.

Wie tief wir mit allem Leben verbunden sind, wurde mir klar, als ich auf der Suche nach Berggorillas durch das feuchte Grün des ugandischen Regenwalds streifte. Meinem einheimischen Führer folgend, sah ich mich plötzlich einer Familiengruppe gegenüber. Ich saß vis-à-vis einem prachtvollen Silberrücken, der, nur zwei oder drei Meter entfernt, unter einem Baum hockte. Mir brach der Schweiß aus, und das nicht, weil es heiß und feucht war. Als Genetiker wusste ich, dass wir ungefähr 96 Prozent unserer Gene gemeinsam haben, aber die nackte

Zahl ist nicht die ganze Wahrheit. Als seine intelligenten, dunkelbraunen Augen meinen Blick festhielten, sah ich viele Aspekte meines Menschseins in ihnen gespiegelt. Diese Großaffen standen in ständiger stummer Kommunikation miteinander und mit uns Menschen. Große Teile ihres Verhaltens waren zutiefst vertraut, ihre Empathie und Neugier unübersehbar. Einige Minuten sahen der Silberrücken und ich einander an. Es war wie ein Gespräch. Dann ergriff er mit einer Hand einen dicken Ast, zog ihn zu sich heran (wollte er mir etwas mitteilen?) und erklomm ihn langsam, wobei er mich die ganze Zeit mit seinen durchdringenden Augen im Blick behielt. Diese dramatische und ergreifende Begegnung führte mir nachdrücklich vor Augen, wie nahe wir mit diesen prachtvollen Geschöpfen verwandt sind. Die Verbindung gilt nicht nur für Gorillas, sondern auch für andere Affen, für Säuger und andere Tiere – und sogar, über weiter zurückliegende Verzweigungen am gemeinsamen Stammbaum, für Pflanzen und Mikroorganismen. Nach meiner Meinung ist das eines der besten Argumente für die Verpflichtung der Menschheit, sich um die gesamte Biosphäre zu kümmern; all die verschiedenen Lebensformen, die den Planeten mit uns teilen, sind unsere Verwandten.

Diese tiefe Verwandtschaft mit anderen Lebewesen zeigte sich auch auf einer noch unerwarteteren Ebene: als ich nämlich zu untersuchen begann, ob Spalthefen und menschliche Zellen ihre Zellzyklen auf die gleiche Weise kontrollierten. Erstmals stellte ich mir diese Frage in den 1980er Jahren, als ich an einem Institut für Krebsforschung in London arbeitete. Da Krebs durch die aberrante Teilung menschlicher Zellen verursacht wird, waren die meisten Kollegen in anderen Labors aus nur zu verständlichen Gründen eher daran interessiert, was den Zellzyklus im Menschen und nicht in der Hefe kontrolliert. Damals wusste ich bereits, welcher Kontrollmechanismus für die Zellteilung in der Hefe zuständig ist: der Mechanismus, in dessen Mittelpunkt *cdc2* steht, dieses entscheidende Gen mit dem nichtssagenden Namen.

Also fragte ich mich, ob die menschliche Zellteilung nicht vielleicht von einer menschlichen Spielart des Gens *cdc2* kontrolliert wird. Das erschien sehr unwahrscheinlich angesichts des Umstands, dass Hefen und Menschen so fundamental verschieden sind und zuletzt vor 1,2 bis 1,5 Milliarden Jahren (also vor 1200 bis 1500 Millionen Jahren) einen gemeinsamen Vorfahren hatten. Um Ihnen eine Vorstellung von diesem ungeheuren Zeitraum zu geben: Die Dinosaurier starben »erst« vor 65 Millionen Jahren aus, und die ersten, sehr einfachen Tiere tauchten vor 500 bis 600 Millionen Jahren auf. Wenn ich ganz ehrlich bin, war die Annahme ziemlich absurd, so entfernte Verwandte könnten Zellen haben, deren Reproduktion auf die gleiche Weise kontrolliert wird. Trotzdem mussten wir es überprüfen.

Zu diesem Zweck versuchte meine Kollegin Melanie Lee, ein menschliches Gen zu finden, das die gleiche Funktion ausübte wie *cdc2* in der Spalthefe. Sie nahm Hefezellen, deren *cdc2*-Gen defekt war, das heißt, die sich nicht teilen konnten, und »besprengte« sie mit einer »Genbibliothek« aus vielen Tausend Stücken menschlicher DNA. Jedes DNA-Stück enthielt nur ein einziges menschliches Gen. Dazu schuf Melanie Bedingungen, die dafür sorgten, dass die mutierte Hefezelle in der Regel nur ein oder zwei Gene aufnahm. *Wenn* es sich so verhielt, dass eines dieser Gene das menschliche Gegenstück zum *cdc2*-Gen war, *wenn* es in Menschen- und in Hefezellen identisch wirkte und *wenn* das menschliche *cdc2*-Gen in die Hefezellen hineingelangen konnte, dann bestand die Möglichkeit, dass die *cdc2*-Mutanten die Fähigkeit zur Teilung wiedergewannen. *Wenn* das alles eintraf, sollten sie Kolonien bilden, die Melanie in einer Petrischale sehen konnte. Ihnen ist sicherlich aufgefallen, wie viele »Wenns« dieser Plan hatte. Glaubten wir, das Experiment könnte klappen? Sicherlich nicht, aber es war einen Versuch wert.

Erstaunlicherweise klappte es! In der Petrischale bildeten sich Kolonien, und wir waren in der Lage, die menschlichen DNA-Abschnitte zu isolieren, die erfolgreich an die Stelle des für die Zellteilung so notwendigen *cdc2*-Gens getreten waren. Als wir das unbekannte Gen sequenzierten, sahen wir, dass die Sequenz des von ihm produzierten Proteins dem Cdc2-Protein der Hefe sehr ähnlich war. Es bestand kein Zweifel daran, dass wir es mit zwei außerordentlich ähnlichen Versionen desselben Gens zu tun hatten. Die Ähnlichkeit war so groß, dass das *menschliche* Gen den Zellzyklus der Hefe kontrollieren konnte.

Dieses unerwartete Ergebnis führte zu einer weitreichenden Schlussfolgerung. Da Hefen und Menschen evolutionär nur extrem weitläufig miteinander verwandt sind, konnten wir mit hoher Wahrscheinlichkeit davon ausgehen, dass alle Tiere, Pilze oder Pflanzen ihren Zellzyklus auf die gleiche Weise kontrollieren. Fast mit Sicherheit war davon auszugehen, dass alles von der Wirkung eines Gens abhängt, das dem *cdc2*-Gen der Hefe sehr ähnlich ist. Und noch wichtiger: Auch wenn diese verschiedenen Organismen über unvorstellbar lange evolutionäre Zeiträume hinweg unzählige verschiedene Erscheinungsformen und Lebensweisen entwickelt haben, hatten sich die entscheidenden Kontrollen dieses fundamentalen Prozesses kaum verändert. Das Gen *cdc2* ist eine Innovation, die mehr als eine Milliarde Jahre überdauert hat.

All das bestärkte mich in meiner Überzeugung, dass sich der Kontrollmechanismus für die Teilung menschlicher Zellen, die uns Aufschluss darüber gibt, wie unser Körper sich verändert, während wir im Laufe des Lebens wachsen, uns entwickeln, Krankheiten erleiden und allmählich körperlich abbauen, an vielen verschiedenen Lebewesen untersucht werden kann, auch an der schlichten Hefe.

Die natürliche Selektion findet nicht nur während der Evolution statt; sie vollzieht sich auch auf der Zellebene in unserem Körper. Der Krebs beginnt, wenn Gene, die entscheidend an Wachstum und Teilung der Zelle beteiligt sind, beschädigt oder anders angeordnet werden und es dadurch zu einer unkontrollierten Zellteilung kommt. Genau wie bei der Evolution in einer Population von Organismen können die präkanzerösen oder kanzerösen Zellen, wenn sie sich der Körperabwehr entziehen, allmählich die Population der unveränderten Zellen, die das Gewebe bilden, zahlenmäßig übertreffen. In dem Maße, wie die Population der geschädigten Zellen wächst, nimmt die Wahrscheinlichkeit weiterer genetischer Veränderungen innerhalb dieser Zellen zu und führt zu einer Häufung genetischer Defekte und zur Entstehung zunehmend aggressiver Krebszellen.

Dieses System weist die drei Merkmale auf, die für die Evolution durch natürliche Selektion notwendig sind: Reproduktion, ein Vererbungssystem und eine gewisse Variabilität des Vererbungssystems. Paradoxerweise sind genau die Bedingungen, die die Evolution menschlichen Lebens ermöglichten, auch für eine der tödlichsten Erkrankungen des Menschen verantwortlich. Praktisch hat das zur Folge, dass Populations- und Evolutionsbiologen in der Lage sein dürften, erheblich zur Krebsforschung beizutragen.

Evolution durch natürliche Selektion kann ein hohes Maß an Komplexität und die scheinbare Zweckbestimmtheit von Lebewesen hervorbringen. Dies geschieht ohne Beteiligung einer Intelligenz, eines vorgegebenen Endzwecks und eines letzten Bewegers. Es macht die Argumente hinfällig, die einen göttlichen Schöpfer bemühen, wie Paley mit seiner fiktiven Taschenuhr und viele vor ihm und nach ihm. Mich zum Beispiel versetzt es in einen Zustand fortwährenden Staunens.

Die Beschäftigung mit der Evolution hatte einen ziemlich nachhaltigen Einfluss auf den weiteren Verlauf meines Lebens. Meine Großmutter war Baptistin, daher gingen wir jeden Sonntag in die Baptistenkirche unseres Viertels. Ich war ein leidlicher Bibelkenner (bin es noch heute) und dachte daran, Geistlicher oder sogar Missionar zu werden! Dann, etwa zu der Zeit, als ich den Zitronenfalter in unserem Garten sah, stand in der Schule die Evolution durch natürliche Selektion auf dem Lehrplan. Unleugbar vertrug sich die wissenschaftliche

Erklärung für die überwältigende Vielfalt des Lebens nicht mit der biblischen Darstellung. Um diese Diskrepanz zu verstehen, ging ich zu meinem Baptistenpastor. Ich vertrat die Ansicht, Gott habe sich, als er die Schöpfung im ersten Buch Mose beschrieb, an eine ungebildete Landbevölkerung gewandt, die vor zwei- oder dreitausend Jahren gelebt habe. Daher müsse man die Geschichte vielleicht eher als einen Mythos betrachten, tatsächlich habe Gott aber einen wunderbaren Schöpfungsmechanismus geschaffen, indem er die Evolution durch natürliche Selektion erfunden habe. Leider konnte sich der Pastor meine Sichtweise nicht zu eigen machen. Er sagte, ich müsse an die wortwörtliche Wahrheit der Heiligen Schrift glauben, und versprach mir, für mich zu beten.

So begann mein allmählicher Abstieg vom religiösen Glauben zum Atheismus oder – um genau zu sein – zum skeptischen Agnostizismus. Ich erkannte, dass verschiedene Religionen sehr unterschiedliche Glaubensinhalte haben können und dass diese verschiedenen Religionen nicht auf einen Nenner zu bringen sind. Die Naturwissenschaft wies mir einen Weg zu einem rationaleren Verständnis der Welt. Außerdem gab sie mir größere Gewissheit, sogar Stabilität und eine bessere Methode für die Suche nach der Wahrheit – was schließlich das ultimative Ziel der Wissenschaft ist.

Die Evolution durch natürliche Selektion beschreibt, wie verschiedene Lebensformen entstehen und sich zweckbestimmt organisieren können. Der Antrieb ist der Zufall und der Steuerungsmechanismus die Notwendigkeit, immer effektivere Lebensformen zu entwickeln. Allerdings hilft sie uns nicht wesentlich weiter bei der Frage, welche Prozesse für lebende Organismen wirklich entscheidend sind. Dazu müssen wir uns den nächsten beiden Ideen zuwenden. Die erste ist *Leben als Chemie*.

4.
Leben als Chemie
Ordnung aus dem Chaos

Die meisten Menschen würden wahrscheinlich ihr Umfeld betrachten und es in zwei Arten von Dingen unterteilen: solche, die leben, und solche, die es offenkundig nicht tun. Lebende Organismen unterscheiden sich von den anderen, weil sie handelnde Dinge sind; sie verhalten sich zweckbestimmt, reagieren auf ihre Umgebung und reproduzieren sich. Keines dieser Merkmale tritt bei Dingen auf, die nicht leben – Steinen, einem Berg, einem Sandstrand und so fort. Würden wir in der Zeit einige hundert Jahre zurückgehen, bevor sich die in diesem Buch entwickelten Ideen herausbildeten, hätten wir durchaus zu dem Schluss kommen können, das irdische Leben werde von geheimnisvollen Kräften gelenkt, über die nur Lebewesen verfügen.

Diese Anschauung wird als »Vitalismus« bezeichnet und reicht bis zu antiken Denkern wie Aristoteles und Galen zurück, und wahrscheinlich noch weiter. Selbst äußerst rational und wissenschaftlich denkenden Menschen fällt es schwer, solche Vorstellungen aufzugeben. Wenn Sie jemals einen Menschen haben sterben sehen, wissen Sie vielleicht, dass es manchmal so aussieht, als sei ein unerklärlicher Lebensfunke plötzlich erloschen.

Vitalistische Erklärungen sind verführerisch, weil sie

eine tröstliche Lösung für eine Frage zu bieten scheinen, mit der unser Verstand ringt. Doch mittlerweile können wir mit Sicherheit davon ausgehen, dass wir nicht zu magischen Phänomenen Zuflucht nehmen müssen. Die meisten Aspekte des Lebens lassen sich mithilfe von Physik und Chemie weitgehend erklären, wenn es dazu auch einer ungewöhnlichen Spielart der Chemie bedarf, die extrem strukturiert und organisiert ist und deren Raffinement durch keinen unbelebten Prozess erreicht werden kann. Mir flößt diese Erklärung mehr Ehrfurcht ein als irgendeine Glaubensüberzeugung, nach der das Leben von geheimnisvollen, wissenschaftlicher Forschung nicht zugänglichen Kräften gelenkt wird.

Überraschenderweise wurde die Idee, dass das Leben Chemie *ist*, im Zuge der Erforschung der Fermentation geboren, dem Prozess, durch den der einfache Mikroorganismus Hefe bei der Herstellung von Bier und Wein Alkohol erzeugt. Schon seit Urzeiten nimmt die Menschheit daran lebhaftes Interesse.

Tatsächlich ist mein eigenes Leben von der Fermentation stark beeinflusst worden, und nicht nur, weil ich selbst gern Bier trinke; am frühen Abend allein in einem leeren Pub zu sitzen und Betrachtungen über die Welt anzustellen, ist ein ausgesprochenes Vergnügen. Als ich mit siebzehn Jahren die Schule beendet hatte, wusste ich, dass ich Biologie studieren wollte, konnte aber keinen Studienplatz finden. Damals war der Nachweis einer Fremdsprache, nachgewiesen durch ein sogenanntes O-Level-Examen, obligatorisch für die Zulassung zum Studium, aber ich schaffte es, sechsmal durch mein Französisch-Examen zu fallen, wahrscheinlich ein Weltrekord im O-Level-Vergeigen! Daher begann ich nicht zu studieren, sondern arbeitete stattdessen als Techniker im mikrobiologischen Labor einer Brauerei.

Zu meiner Arbeit gehörte es, all die Nährmedien zusammenzubrauen, die die Wissenschaftler für die Anzucht ihrer Mikroorganismen brauchten. Schon bald bemerkte ich, dass sie fast jeden Tag die gleichen Bestellungen aufgaben, daher konnte ich die ganze Wochenration schon am Montag herstellen, und das reichte dann für den Rest der Woche. Ich wandte mich an meinen Chef Vic Knivett (der in seiner Freizeit ein georgischer Tänzer war, was ich entdeckte, als er eines Abends einen wilden kasatschokartigen Tanz auf einer der Laborbänke hinlegte!). Großzügig schlug er mir vor, ein Forschungsprojekt über den Salmonellenbefall von Hühnereiern zu übernehmen. Ich war achtzehn Jahre alt und im siebten Himmel, denn ich konnte jeden Tag Experimente durchführen und mir einbilden, ich sei ein echter Wissenschaftler.

Irgendwann im Laufe dieses Jahres in der Brauerei führte ein wohlwollender Professor der Birmingham University ein Gespräch mit mir und brachte die Universität dazu, über meine Fremdsprachenschwäche hinwegzusehen, so dass ich 1967 mit dem Biologiestudium beginnen konnte. Ironischerweise – angesichts meiner früheren Probleme mit der Sprache – verlieh mir der französische Präsident fünfunddreißig Jahre später den Orden der Légion d'honneur für meine Hefe-Forschung. Ich musste meine Dankesrede sogar auf Französisch halten! Doch obwohl ich mich den größten Teil meines Lebens mit Hefe beschäftigt habe, stellte ich nie einen einzigen Tropfen Wein oder Bier her.

Die wissenschaftliche Fermentationsforschung begann im 18. Jahrhundert mit dem französischen Adligen und Wissenschaftler Antoine Lavoisier, einem der Väter der modernen Chemie. Unglücklicherweise für ihn, und unglücklicherweise für die Wissenschaft als Ganzes, führte seine Teilzeitbeschäftigung als Steuereinnehmer im Mai 1794, während der Französischen Revolution, zum Verlust seines Kopfes. Der vorsitzende Richter des Schauprozesses, in dem er zum Tode verurteilt wurde, erklärte: »Die Republik braucht keine Gelehrten und Chemiker.« Offenbar sollten wir Wissenschaftler Vorsicht im Umgang mit Politikern walten lassen! Politiker – besonders solche mit populistischen Tendenzen – haben die unglückselige Neigung, »Experten« zu ignorieren, besonders, wenn deren Urteil ihren wenig fundierten Meinungen widersprechen.

Vor seinem allzu frühen Rendezvous mit der Guillotine war Lavoisier vom Prozess der Fermentation fasziniert. Dabei gelangte er zu dem Schluss: »Fermentation ist eine *chemische Reaktion*, bei der der Zucker des anfänglichen Traubensafts in den Alkohol des abschließenden Weins umgewandelt wird.« So hatte das noch niemand betrachtet. Lavoisier ging noch einen Schritt weiter und behauptete, es gebe dort ein sogenanntes »Ferment«, das in den Weintrauben selbst enthalten sei und bei der chemischen Reaktion eine entscheidende Rolle spiele. Allerdings konnte er nicht sagen, worum es sich bei diesem »Ferment« handelte.

Ein halbes Jahrhundert später kam man dem Rätsel auf die Spur, als Hersteller von Industriealkohol den französischen Biologen und Chemiker Louis Pasteur baten, ihnen Klarheit über die geheimnisvolle Substanz zu verschaffen, die ihre Produkte ständig zerstörte. Sie wollten wissen, warum ihre Fermentation von Zuckerrübenbrei manchmal fehlschlug und anstelle von Alkohol eine unangenehm scharfe Säure entstand. Wie ein Detektiv machte sich Pasteur an die Lösung des Rätsels. Das Mikroskop lieferte ihm den entscheidenden Hinweis. Ablagerungen in den Fermentationskesseln, in denen der Alkohol hergestellt wurde, enthielten Hefezellen. Diese waren eindeutig lebendig, denn einige von ihnen hatten Knospen, die anzeigten, dass sie sich reproduzierten. Als er die versauerten Kessel untersuchte, konnte er keine Hefezellen entdecken. Aus diesen einfachen Beobachtungen schloss Pasteur, dass der Mikroorganismus Hefe das verborgene Ferment sei: der für die Alkoholherstellung entscheidende Faktor. Ein anderer Mikroorganismus, wahrscheinlich ein kleineres Bakterium, erzeugte die Säure, die für die misslungenen Partien verantwortlich war.

Entscheidend war, dass das Wachstum lebender Zellen unmittelbar für eine bestimmte chemische Reaktion verantwortlich war. In diesem Fall verwandelten die Hefezellen Glukose in Alkohol. Pasteurs entscheidender Beitrag bestand in dem Schritt vom Besonderen zum Allgemeinen, der ihn zu einer wichtigen neuen Schlussfolgerung führte. Er vertrat die Ansicht, chemische Reaktionen seien nicht nur ein interessantes Merkmal des Zelllebens, sondern auch ein definierendes Merkmal des Lebens. Pasteurs brillante Zusammenfassung lautete: »Chemische Reaktionen sind eine *Lebensäußerung der Zelle.*«

Wir wissen, dass in den Zellen aller lebenden Organismen gleichzeitig hunderte oder sogar tausende chemische Reaktionen ablaufen. Diese Reaktionen konstruieren die Moleküle des Lebens, die die Bestandteile und Strukturen von Zellen bilden. Außerdem bauen sie Moleküle ab, um Zellkomponenten zu recyceln und Energie freizusetzen. Die Gesamtheit der ungeheuren Zahl von chemischen Reaktionen, die in einem lebenden Organismus stattfinden, bezeichnen wir als *Stoffwechsel*. Er ist die Grundlage aller Aktivitäten von Lebewesen – Erhaltung, Wachstum, Organisation und Reproduktion – und die Energiequelle dieser Prozesse. Stoffwechsel ist die Chemie des Lebens.

Doch wie kommen all die vielen und vielfältigen chemischen Reaktionen des Stoffwechsels zustande? Welche Substanz in Pasteurs Hefe führte die Reaktionen der Fermentation aus? Marcelin Berthelot, ein anderer französischer Chemiker machte den nächsten Schritt. Er zerstieß Hefezellen und gewann aus den Zellresten eine chemische Substanz, die sich höchst ungewöhnlich verhielt. Sie löste eine bestimmte chemische Reaktion aus – die Umwandlung von Haushaltszucker, Saccharose, in zwei kleinere Zuckerkomponenten: Glukose und Fruktose – aber sie wurde nicht selbst bei der Reaktion verbraucht. Sie war eine unbelebte, nicht unmittelbar in einen Lebensprozess involvierte Substanz, das heißt, sie wirkte auch nach Entfernung aus der Zelle weiter. Diese neue Substanz nannte er Invertase.

Invertase ist ein Enzym. Enzyme sind Katalysatoren, das heißt, sie fördern und beschleunigen chemische Reaktionen – und das häufig spektakulär. Für das Leben sind sie extrem wichtig. Ohne sie fänden viele chemische Prozesse einfach nicht statt, besonders bei den relativ niedrigen Temperaturen und gemäßigten Bedingungen in den meisten Zellen. Die Entdeckung der Enzyme legte die Grundlagen für die heute von allen Biologen geteilte Meinung, dass sich die meisten Lebensphänomene am besten durch chemische Reaktionen verstehen lassen, die von Enzymen katalysiert werden. Um zu verstehen, wieso Enzyme dazu in der Lage sind, müssen wir uns klar machen, was sie sind und wie sie gebildet werden.

Die meisten Enzyme bestehen aus Proteinen, die von der Zelle als lange, kettenartige Moleküle – sogenannte Polymere – hergestellt werden. Polymerstrukturen sind von grundsätzlicher Bedeutung für jeden Aspekt der Lebenschemie. Wie die meisten Enzyme und alle anderen Proteine sind auch alle Lipidmoleküle, die die Zellmembranen bilden, alle Fette und Kohlehydrate, die Energie speichern, und die Nukleinsäuren, die die Vererbung sicherstellen – Desoxynukleinsäure (DNA) und die eng verwandte Ribonukleinsäure (RNA) –, Polymere.

Diese Polymere bestehen im Prinzip aus den Atomen von nur fünf chemischen Elementen: Kohlenstoff, Wasserstoff, Sauerstoff, Stickstoff und Phosphor. Unter diesen fünf hat der Kohlenstoff zentrale Bedeutung, in erster Linie, weil er vielseitiger ist als die anderen Elemente. Während Wasserstoffatome beispielsweise nur eine Verknüpfung – eine chemische Bindung – zu anderen Atomen herstellen, kann sich das Kohlenstoffatom mit vier anderen Atomen verbinden. Darauf beruht die Fähigkeit des Kohlenstoffs, Polymere zu bilden: Zwei der vier potenziellen Bindungen des Kohlenstoffs können die Verknüpfung zu zwei anderen Atomen, häufig Kohlenstoffatomen, herstellen und so eine Kette zusammenhängender Atome bilden – der Kern jedes Polymers. Damit bleiben dem Kohlenstoffatom noch zwei weitere Bindungen, an denen andere Atome festmachen können. Mithilfe dieser Extrabindungen lassen sich seitlich der Hauptkette des Polymers noch andere Moleküle anfügen.

Viele Polymere in Zellen sind sehr große Moleküle, tatsächlich so groß, dass man ihnen einen eigenen Namen gegeben hat: Makromoleküle. Um eine Vorstellung von der Größe dieser Moleküle zu bekommen, sollten wir uns daran erinnern, dass die DNA-Makromoleküle im Kern jedes unserer Chromosomen mehrere Zentimeter lang sein können. Folglich enthalten sie Millionen von Kohlenstoffmolekülen in einem unvorstellbar langen, aber auch unvorstellbar dünnen molekularen Faden.

Proteinpolymere sind nicht so lang; im Allgemeinen werden sie von einigen hundert bis zu mehreren tausend miteinander verbundenen Kohlenstoffatomen gebildet. Dafür sind sie chemisch variabler als DNA, was der Hauptgrund dafür ist, dass sie als Enzyme wirken und eine maßgebliche Rolle für den Stoffwechsel spielen. Jedes Protein ist ein Polymer auf Kohlenstoffbasis, dabei werden kleinere Aminosäuremoleküle angefügt, immer eines nach dem anderen, so dass eine lange Kette entsteht. Beispielsweise ist Invertase ein Proteinmolekül, bei dem 512 Aminosäuren in einer bestimmten Reihenfolge miteinander verbunden sind.

Das Leben verwendet zwanzig verschiedene Aminosäuren. Jede besitzt Seitenmoleküle, die von der Hauptkette des Polymers abzweigen und ihm seine besonderen chemischen Eigenschaften verleihen. Beispielsweise haben einige Aminosäuren positive oder negative Ladungen, andere werden von Wasser entweder angezogen oder abgestoßen und wieder andere können mühelos mit anderen Molekülen Bindungen eingehen. Durch verschiedene Kombinationen von Aminosäuren mit je anderen Seitenmolekülen können Zellen eine enorme Vielfalt unterschiedlicher Proteinpolymere erzeugen.

Sobald die linearen Ketten der Proteinpolymere zusammengesetzt sind, beginnen sie, sich zu falten, zu verdrehen und untereinander zu verbinden, so dass komplexe dreidimensionale Strukturen entstehen. Es ist ein bisschen so, als wenn sich ein langes Klebeband zu einem Knäuel zusammenballt, wenn auch das Zusammenfalten von Proteinen ein wiederholbarer Prozess ist, der exakte Strukturen hervorbringt. In einer Zelle wird eine bestimmte Kette von Aminosäuren immer versuchen, die gleiche spezifische Form anzunehmen. Dieser Sprung aus der Eindimensionalität in die Dreidimensionalität ist von entscheidender Bedeutung, weil er dazu führt, dass jedes Protein eine unverwechselbare physische Gestalt und ganz bestimmte chemische Eigenschaften hat. Infolgedessen können Zellen Enzyme herstellen, die exakt mit den chemischen Substanzen zusammenpassen, auf die sie einwirken – zum Beispiel fügen sich Teile der Invertase und der Zuckermoleküle perfekt ineinander. Das wiederum ermöglicht den Enzymen, genau die chemischen Bedingungen zu schaffen, die erforderlich sind, um bestimmte Reaktionen hervorzurufen.

Enzyme führen fast alle chemischen Reaktionen aus, die die Grundlage des Zellstoffwechsels bilden. Aber ihre

Funktion erschöpft sich nicht darin, Moleküle aufzubauen oder sie zu zerlegen, sie erfüllen noch viele andere Aufgaben. Sie fungieren als Qualitätsprüfer, sie transportieren Komponenten, übermitteln Nachrichten zwischen verschiedenen Regionen der Zelle und befördern andere Moleküle in die Zelle hinein und aus ihr hinaus. Andere halten Ausschau nach Eindringlingen und aktivieren die Proteine, die Zellen – und damit den Körper – gegen Krankheiten verteidigen. Enzyme sind aber beileibe nicht die einzige Proteinart. Fast jeder Teil unseres Körpers – vom Haar auf dem Kopf bis zur Säure im Magen und der Linse im Auge – besteht entweder aus Proteinen oder wird von Proteinen hergestellt. Alle diese verschiedenen Proteine sind in Jahrtausenden von der Evolution geformt und auf ihre spezifischen Aufgaben in der Zelle vorbereitet worden. Selbst eine relativ einfache Zelle enthält eine gewaltige Zahl von Proteinmolekülen. Insgesamt gibt es mehr als 40 Millionen von ihnen in einer winzigen Hefezelle; in so einer mikroskopischen Zelle befinden sich also doppelt so viele Proteine wie Menschen in der Riesenstadt Peking!

Das Ergebnis dieser ganzen Proteinvielfalt ist ein Malstrom von chemischen Reaktionen, der fortwährend in jeder Zelle stattfindet. Wenn Sie mit Augen, die bis in die molekulare Welt blicken können, das Innere einer Zelle betrachteten, würden Ihre Sinne von einem brodelnden Aufruhr chemischer Aktivitäten überwältigt werden.

Einige der beteiligten Moleküle sind elektrisch geladen, wodurch sie entweder anziehend oder abstoßend wirken, während andere elektrisch neutral sind. Einige sind Säuren, andere bleichmittelartige Alkalien. All diese verschiedenen Substanzen stehen in ständiger Wechselwirkung, entweder durch Zufallskollisionen oder inszenierte Begegnungen. Gelegentlich kommen Moleküle vorübergehend zu einer chemischen Reaktion zusammen – einem raschen Austausch von Elektronen oder Protonen. In anderen Fällen bleiben Moleküle durch die Bildung enger und beständiger Bindungen dauerhaft zusammen. Alles in allem finden in der Zelle viele tausend verschiedene chemische Reaktionen statt, die fortwährend für den Fortbestand des Lebens sorgen. Die Menge der chemischen Reaktionen, die selbst in den größten Industrieanlagen verwendet werden, nimmt sich daneben mehr als bescheiden aus. In einer Kunststofffabrik dürfte sich die Anzahl der chemischen Reaktionen im unteren zweistelligen Bereich bewegen.

All diese hektischen und hastigen Aktivitäten liegen an dem Ende des Zeitspektrums, dessen entgegengesetztes Ende die Tiefenzeit einnimmt, die erforderlich war, um diese Systeme zu entwickeln. Aber die schwindelerregende Zeitskala der zellulären Welt ist für unseren Verstand ebenso schwer fassbar wie die evolutionäre Zeit. Einige der Zellenzyme steuern diese Reaktionen in unglaublich schnellem Tempo. In jeder Sekunde wickeln sie tausende, ja, Millionen von chemischen Reaktionen ab. Diese Enzyme sind nicht nur extrem schnell, sondern auch extrem genau. Sie können jedes einzelne Atom mit einem Maß an Genauigkeit und Zuverlässigkeit kontrollieren, von dem ein Chemieingenieur nur träumen kann. Dafür hat die Entwicklung dieser Prozesse aber auch Jahrmilliarden gedauert – also erheblich länger als die Evolution des Menschen!

Das Zusammenwirken all dieser Prozesse zu gewährleisten, ist eine außerordentliche Leistung. Mag auch die ungeheure Fülle der gleichzeitig ablaufenden Reaktionen in der Zelle chaotisch erscheinen, so herrscht doch eine extreme Ordnung. Um einwandfrei abzulaufen, braucht jede der Reaktionen ihre eigenen, besonderen chemischen Bedingungen. Einige sind auf einen bestimmten pH-Wert – eine eher saure oder basische Umgebung – angewiesen; andere erfordern die Anwesenheit bestimmter chemischer Stoffe, wie zum Beispiel Calcium, Magnesium, Eisen oder Kalium; wieder andere brauchen die Anwesenheit von Wasser oder werden dadurch in ihren Funktionen verlangsamt. Doch irgendwie müssen alle diese verschiedenen chemischen Prozesse in der Enge der Zelle gleichzeitig ausgeführt werden. Das ist nur möglich, weil die einzelnen Enzyme nicht jeweils unterschiedliche Extremwerte bei Temperatur, Druck oder pH-Wert verlangen – Bedingungen, wie sie beispielsweise in chemischen Industrieanlagen vorliegen. Wäre das der Fall, könnten sie nicht alle auf so engem Raum koexistieren. Allerdings müssen viele dieser Stoffwechselreaktionen immer noch voneinander getrennt ablaufen. Sie dürfen sich nicht gegenseitig stören, und alle ihre spezifischen chemischen Bedingungen müssen erfüllt sein. Entscheidend dafür ist die *Kompartimentierung.*

Kompartimentierung bietet die Möglichkeit, komplexe Systeme aller Art nebeneinander arbeiten zu lassen. Nehmen wir zum Beispiel Städte. Sie erfüllen ihre Aufgabe nur dann reibungslos, wenn sie in verschiedene Kompartimente – Bereiche – mit bestimmten Funktionen unterteilt sind: Bahnhöfe, Schulen, Krankenhäuser, Fabriken,

Polizeireviere, Kläranlagen und so fort. All das und noch viel mehr ist erforderlich, damit die Stadt als Ganzes funktioniert; würden diese Kompartimente miteinander vermischt, bräche alles zusammen. Sie brauchen die Trennung, um ihre Arbeit effektiv zu erledigen, müssen andererseits aber auch relativ nahe zusammenliegen und miteinander in Verbindung stehen. Das Gleiche gilt für Zellen: Sie richten eine bestimmte Anzahl von Mikro-Umwelten ein, die räumlich oder zeitlich voneinander getrennt sind, aber Kontakt zueinander haben. Das erreichen Lebewesen, indem sie Systeme interagierender Kompartimente auf verschiedenen Größenskalen herstellen, vom sehr Großen bis zum extrem Kleinen.

Mit den Dingen auf den größten Skalen sind wir vertraut: den verschiedenen Geweben und Organen von mehrzelligen Organismen wie Pflanzen und Tieren. Das sind unterschiedliche Kompartimente, deren jedes besondere Voraussetzungen für bestimmte chemische und physikalische Prozesse besitzt. Unser Magen-Darm-Trakt verdaut die chemischen Stoffe in der Nahrung; die Leber entsorgt schädliche Substanzen in Arzneimitteln und Drogen; das Herz pumpt mithilfe chemischer Energie unser Blut durch den Körper und so fort. Die Funktionen aller dieser Organe hängen von den spezialisierten Zellen und Geweben ab, aus denen sie bestehen: Die Zellen in der Magenschleimhaut schütten Säure aus, während sich die Zellen in den Herzmuskeln zusammenziehen. Alle diese Zellen sind ihrerseits eigenständige Kompartimente.

Tatsächlich ist die Zelle ein Musterbeispiel für die Kompartimentierung des Lebens. Die äußere Zellmembran hat in erster Linie die Aufgabe, die Inhalte der Zelle vom Rest der Welt zu trennen. Dank der isolierenden Wirkung dieser Membran sind Zellen in der Lage, eine Insel chemischer und physikalischer Ordnung zu bilden. Zellen können diesen Zustand natürlich nur eine gewisse Zeit lang aufrechterhalten: Wenn sie ihre Arbeit einstellen, sterben sie und werden wieder vom Chaos verschlungen.

In der Zelle gibt es eine Folge von Kompartimentierungsebenen. Die größten Kompartimente sind die membranumhüllten Organellen, etwa der Kern und die Mitochondrien. Doch bevor wir diese betrachten, müssen wir uns erst mit der einfacheren Ebene der Kohlenstoffpolymere beschäftigen, denn die größeren Kompartimente gründen sich alle auf diese elementaren Moleküle.

Die kleinsten chemischen Kompartimente in der Zelle sind die Oberflächen der Enzymmoleküle selbst. Wenn Sie eine Vorstellung davon bekommen wollen, wie winzig diese Moleküle sind, schauen Sie sich die dünnen Härchen auf Ihrem Handrücken an. Sie gehören zu den feinsten Strukturen, die Sie mit bloßem Auge erkennen können. Aber im Vergleich zu den Enzymproteinen sind sie plump und massig. Rund zweitausend Moleküle Invertase müssten nebeneinander aufgereiht werden, um eine Strecke zu bilden, die dem Durchmesser eines dieser Haare entspräche.

Jedes Proteinmolekül enthält umschlossene Räume und Andockstellen, die auf der Größenskala einzelner Atome spezielle Formen aufweisen und daher genau zu den Molekülen passen, mit denen sie arbeiten. Diese zarten Strukturen sind so winzig, dass sie selbst unter den stärksten Lichtmikroskopen nicht zu erkennen sind. Wir müssen auf ihre Formen und Eigenschaften mithilfe von indirekten Techniken wie Kristallstrukturanalyse oder Kryoelektronenmikroskopie schließen – Techniken, die unsere Sinne um ein Vielfaches erweitern und uns ermöglichen, die Positionen und Eigenschaften von hunderten oder tausenden der sie konstituierenden Atome zu bestimmen. Dann lässt sich beobachten, wie Enzyme mit den chemischen Substanzen wechselwirken, die sie während einer Reaktion »bearbeiten«. Diese chemischen Stoffe heißen *Substrate*. Enzyme und ihre Substrate fügen sich ineinander wie die Teile eines winzigen dreidimensionalen Puzzles. Wenn die Elemente dieses Puzzles aufeinandertreffen, werden die chemischen Reaktionen vom Rest der Zelle abgeschirmt, wobei die Teile genau unter dem Winkel und den Bedingungen zusammenkommen, die es den Enzymen ermöglichen, ihre extrem präzisen Operationen auf atomarer Ebene vorzunehmen: einzelne Atome zu handhaben und bestimmte molekulare Bindungen zu lösen oder zu knüpfen. Beispielsweise beruht die Wirkung der Invertase darauf, dass sie eine spezifische Bindung zwischen einem Sauerstoff und einem Kohlenstoffatom in der Mitte eines Zuckermoleküls bricht.

Enzyme sind in der Lage, so zusammenzuwirken, dass das Produkt einer Reaktion direkt weitergeleitet und zum Substrat der nächsten Reaktion wird. Auf diese Weise lassen sich ganze Serien von Reaktionen für vielschichtige Prozesse koordinieren, wie sie etwa für die Herstellung von Lipidmembranen oder anderen komplexen Komponenten aus einfachen Bestandteilen erforderlich sind. Biologen bezeichnen diese vielfältig wechselwirkenden chemischen Prozesskaskaden als Stoffwechselwege. Sie beruhen auf vielen unterschiedlichen Reaktionen und haben eine gewisse Ähnlichkeit mit den Fließbändern in einer Fertigungshalle. Jedes Stadium muss abgeschlossen sein, bevor das nächste in Angriff genommen werden kann.

Enzyme können gemeinsam auch noch komplexere Synthesen ausführen, wenn sie beispielsweise die DNA mit enormer Genauigkeit kopieren. Am besten kann man sich solche Enzyme als verschwindend kleine Molekularmaschinen vorstellen, die extrem präzise und verlässlich arbeiten. Einige dieser Molekularmaschinen verrichten mithilfe chemischer Energie physikalische Arbeit in der Zelle. Dazu gehören Proteine, die als »molekulare Motoren« die Antriebsenergie für die meisten Bewegungen der Zelle selbst und für verschiedene Transporte und Strukturen in der Zelle liefern. Manche ähneln Kurierfahrern, sie befördern Komponenten und chemische Stoffe in Zellregionen, in denen sie gebraucht werden. Dabei folgen sie komplizierten Routen, die ebenfalls von Proteinen angelegt werden und wie ein vielfach verzweigtes Schienennetz kreuz und quer durch das Zellinnere verlaufen. Forscher haben diese molekularen Miniaturmotoren bei der Arbeit gefilmt und gesehen, dass sie wie winzige Roboter durch die Zelle »gehen«. Die Motoren verfügen über Mechanismen, die dafür sorgen, dass sie sich ständig vorwärtsbewegen, und verhindern, dass sie durch Zufallskollisionen mit anderen Molekülen aus der Bahn geworfen werden.

Andere Versionen der molekularen Motoren liefern die Kräfte, die erforderlich sind, um Chromosomen und in der Teilung befindliche Zellen voneinander zu trennen. Obwohl sie unendlich klein sind, können sie, indem sie milliardenfach in vielen Millionen Muskelzellen zusammenarbeiten, die Flügel des Zitronenfalters bewegen, der durch Ihren Garten flattert, sie ermöglichen Ihren Augen, den Wörtern auf dieser Seite zu folgen, und versetzen Geparden in die Lage, ihre extremen Geschwindigkeiten zu entwickeln. Die Kombination der winzigen Effekte einzelner Proteine, die zahllos in vielen Zellen zusammenwirken, hat in der makroskopischen Wirklichkeit Konsequenzen, die wir alle sehen können.

Auf einer Skala, die etwas größer ist als die individuellen Enzyme und Molekularmaschinen, können Proteingruppen physikalisch aneinander andocken und so ein Ensemble von Zellwerkzeugen bilden, das komplexere chemische Prozesse koordiniert ablaufen lässt. Dabei spielen die Ribosomen eine wichtige Rolle, denn sie sind die Strukturen, in denen Proteine hergestellt werden. Jedes Ribosom besteht aus mehreren Dutzend Proteinen nebst einigen großen RNA-Molekülen, engen chemischen Verwandten der DNA. Ribosomen sind größer als typische Enzyme – auf eine Haaresbreite gehen nur einige Hundert, nicht mehrere Tausend, aber sie sind immer noch viel zu klein, um ohne Hilfe eines Elektronenmikroskops sichtbar zu sein. Zellen, die wachsen und sich reproduzieren, haben einen Riesenbedarf an neuen Proteinen, daher enthält jede von ihnen mehrere Millionen Ribosomen.

Um ein neues Proteinmolekül herzustellen, muss ein Ribosom den genetischen Code eines spezifischen Gens lesen und ihn in das zwanzigbuchstabige Proteinalphabet übersetzen. Zunächst fertigt die Zelle eine vorläufige

Kopie eines spezifischen Gens an. Dazu verwendet sie RNA. Diese dient als Bote und heißt daher mRNA (nach engl. *messenger RNA*) oder Boten-RNA, da sie physisch von den Genen im Kern zu den Ribosomen transportiert wird, wobei sie eine Kopie der Information des Gens mitnimmt. Das Ribosom verwendet die mRNA als Vorlage zur Herstellung des Proteins, indem sie Aminosäuren in der vom Gen vorgegebenen Reihenfolge zusammenfügt. Durch die Bildung einer separaten und hochstrukturierten Mikro-Umgebung sorgt das Ribosom dafür, dass dieser viele Stufen und Enzyme umfassende Prozess präzise und schnell vonstattengeht: Jedes Ribosom braucht nur ungefähr eine Minute, um ein durchschnittliches Protein aus etwa dreihundert Aminosäuren zusammenzubauen.

Viel größer als Ribosomen, obwohl immer noch ausgesprochen winzig im Vergleich zu den Objekten unserer vertrauten makroskopischen Welt, sind die Organellen der Zelle, die alle von einer eigenen Lipidmembran umhüllt werden. Diese bilden die nächste wichtige Kompartimentierungsebene in eukaryotischen Zellen. An zentraler Stelle einer jeden Zelle befindet sich die Organelle, die wir als Kern bezeichnen. Unter einem Mikroskop ist der Kern gewöhnlich am besten zu erkennen. Zwar sind die meisten Zellen klein – zwei oder drei der weißen Blutzellen Ihres Körpers sind erforderlich, um die Breite der feinen Härchen auf Ihrer Hand einzunehmen –, aber die Kerne sind noch erheblich kleiner. Jeder von ihnen macht nur zehn Prozent des Volumens einer weißen Blutzelle aus. Aber vergessen Sie nicht: Auf diesem unglaublich winzigen Raum ist eine vollständige Kopie Ihrer gesamten DNA einschließlich aller 22 000 Gene zusammengedrängt – alles in allem zwei Meter lang, wenn man sie zu einer geraden Linie auseinanderfaltet.

Alle chemischen Aktivitäten, die der Erhaltung des Lebens dienen, erfordern Energie, Mengen von Energie. Heute bezieht die große Mehrheit der Lebensformen, die uns umgibt, ihre Energie letztlich von der Sonne. Dafür sorgt der Chloroplast, eine weitere für das Leben unentbehrliche Organelle. Im Gegensatz zum Kern kommt sie in Tierzellen nicht vor, nur in Zellen von Pflanzen und Algen. In Chloroplasten findet die Photosynthese statt: jene Gruppe von chemischen Reaktionen, die mithilfe der Energie aus dem Sonnenlicht Wasser und Kohlendioxid in Zucker und Sauerstoff verwandelt.

Die für die Photosynthese erforderlichen Enzyme sind in den zwei Membranschichten angeordnet, die einen jeden Chloroplasten umgeben. Jede Zelle in den Grashalmen Ihres heimischen Parks beherbergt rund hundert dieser fast kugelförmigen Organellen, von denen wiederum jede eine hohe Konzentration des Proteins Chlorophyll aufweist. Chlorophyll ist dafür verantwortlich, dass Gras grün aussieht: Es absorbiert Energie aus den blauen und roten Anteilen des Lichtspektrums, so dass es nur die grünen Wellenlängen reflektiert.

Pflanzen, Algen und einige Bakterien, die zur Photosynthese fähig sind, verwenden den von ihnen hergestellten Zucker als unmittelbare Energiequelle und als Rohstoff zum Bau anderer Moleküle, die sie zum Überleben brauchen. Außerdem produzieren sie die Zucker und Kohlehydrate, die von so vielen anderen Organismen verzehrt werden: den Pilzen, die sich von verfaulendem Holz ernähren, den Schafen, die Gras fressen, den Walen, die im Meer Tonnen von photosynthetisierendem Plankton aufsaugen, und den Menschen auf allen Kontinenten unseres Planeten, die von Nahrungspflanzen leben. Auch der Kohlenstoff, der so entscheidend für den Bau jedes Teils unseres Körpers ist, stammt letztlich aus der Photosynthese. Den Anfang macht das Kohlendioxid, das von den chemischen Reaktionen der Photosynthese aus der Luft genommen wird.

Dabei hat die Chemie der Photosynthese nicht nur die Energie und den Rohstoff für die Erschaffung des meisten Lebens auf der heutigen Erde geliefert, sondern auch die Entwicklung der Erdgeschichte nachhaltig geprägt. Zum ersten Mal scheint das Leben vor ungefähr 3,5 Milliarden Jahren in Erscheinung getreten zu sein, darauf lassen zumindest die ältesten bislang entdeckten Fossilien schließen. Das waren einzellige Mikroorganismen, die ihre Energie vermutlich aus geothermalen Quellen bezogen. Da es in der frühesten Periode des Lebens auf der Erde keine Photosynthese gab, waren auch noch keine nennenswerten Sauerstoffquellen vorhanden. Infolgedessen gab es fast keinen Sauerstoff in der Atmosphäre, und als die frühen Lebensformen des Planeten mit Sauerstoff zu tun bekamen, dürfte er ihnen Probleme bereitet haben.

Zwar denken wir, Sauerstoff sei lebenserhaltend, was er auch ist, aber er ist außerdem ein hochreaktives Gas, das andere chemische Stoffe schädigen kann, unter anderem lebenswichtige Polymere wie die DNA. Sobald die Mikroorganismen die Fähigkeit zur Photosynthese entwickelten, vermehrten sie sich im Laufe von Jahrtausenden derart, dass die Sauerstoffkonzentration in der Atmosphäre steil anstieg. Was daraufhin in der Periode zwischen 2 und 2,4 Milliarden Jahren vor unserer Zeit geschah, bezeichnet man als die Große Sauerstoffkatastrophe. Alle existierenden Organismen waren Mikroorganismen, entweder Bakterien oder Archaeen, doch nach Meinung einiger Wissenschaftler wurden die *meisten* dieser Kleinlebewesen durch das gehäufte Vorkommen von Sauerstoff ausgelöscht. So schuf das Leben paradoxerweise Bedingungen, die das Leben fast beendet hätten. Nach dieser Ansicht zog sich die überlebende Minderheit der Lebensformen entweder an Orte zurück, wo sie dem Sauerstoff in geringerem Maße ausgesetzt waren, etwa am Meeresgrund oder tief unter der Erdoberfläche, oder sie mussten sich anpassen und neue chemische Mechanismen entwickeln, die ihnen erlaubten, in einer sauerstoffreichen Umgebung zu leben.

Auch heute noch gehen Organismen, wie wir Menschen zum Beispiel, vorsichtig mit Sauerstoff um, sind aber völlig abhängig von ihm, weil wir ihn brauchen, um Energie aus den Zuckern, Fetten und Proteinen freizusetzen, die unsere Körper verzehren, herstellen oder absorbieren. Das geschieht mithilfe eines chemischen Prozesses, den man als *Zellatmung* bezeichnet. Der abschließende Schritt in dieser Reaktionsreihe findet in den Mitochondrien statt – ein weiteres Organellenkompartiment, das von großer Bedeutung für eukaryotische Zellen ist.

Die Hauptaufgabe von Mitochondrien liegt darin, die Energie zu erzeugen, die die Zellen für die chemischen Reaktionen des Lebens brauchen. Daher enthalten Zellen, die viel Energie benötigen, eine Menge Mitochondrien: Um dafür zu sorgen, dass unser Herz weiterschlägt, muss jede Zelle in unseren Herzmuskeln über mehrere Tausend Mitochondrien verfügen. Zusammen nehmen sie vierzig Prozent des verfügbaren Raums in diesen Herzzellen ein. Rein chemisch betrachtet, kehrt die Zellatmung die Reaktion um, die im Zentrum der Photosynthese steht. Die Reaktion von Zucker und Sauerstoff zu Wasser und Kohlendioxid setzt eine Menge Energie frei, die zur späteren Verwendung gespeichert wird. Diese von den Mitochondrien kontrollierte chemische Reaktionsreihe findet sehr geordnet und stufenweise statt, damit nicht zu viel Energie verloren geht und kein reaktiver Sauerstoff und keine Elektronen entweichen, die den Rest der Zelle schädigen könnten.

Der entscheidende Schritt der Zellatmung, die Energiegewinnung, beruht auf der Bewegung von Protonen – einzelnen Wasserstoffatomen, die ein Elektron verloren haben und nun elektrisch geladen sind. Diese Protonen werden aus dem Zentrum des Mitochondriums in die Lücke zwischen den beiden Membranen gedrängt, die jedes Mitochondrium umhüllen. Dadurch sammeln sich außerhalb der inneren Mitochondriummembran sehr viel mehr geladene Protonen als innen. Obwohl auf chemischen Vorgängen beruhend, ist das im Wesentlichen ein physikalischer Prozess. Stellen Sie sich Wasser vor, das bergauf gepumpt wird, um einen Stausee zu füllen. In einem Wasserkraftwerk lässt man Wasser aus dem Stausee talwärts fließen und lenkt es durch Turbinen, die die kinetische Energie in elektrische Energie umwandeln. Im Fall der Mitochondrien strömen die Protonen, die hinter den »Membrandamm« gepumpt wurden, zurück ins Zentrum der Organelle, wobei sie durch Proteinkanäle gelenkt werden, die die durch den Rückfluss der geladenen Teilchen erzeugte Energie in Form von sehr energiereichen chemischen Bindungen speichern.

Der Forscher, der zuerst auf die Idee kam, dass Zellen ihre Energie auf so unerwartete Weise erzeugen könnten, war der britische Biochemiker und Nobelpreisträger Peter Mitchell. Er arbeitete im Fachbereich Zoologie der University of Edinburgh, wo ich später über den Zellzyklus der Hefe forschte, doch als ich dort anfing, hatte er die Uni schon verlassen und ein Privatlabor in der Moorlandschaft Südwestenglands gegründet. Das war ein höchst ungewöhnlicher Schritt, der ihm bei manchen Leuten den Ruf eines Exzentrikers eintrug. Ich lernte ihn kennen, als er Ende siebzig war, und fand seine unverminderte Neugier und Wissbegier beeindruckend. Wir unterhielten uns über alle möglichen Themen, und ich staunte über die Kreativität seines Denkens und die Souveränität, mit der er sich über die Einwände seiner Zweifler hinwegsetzte, um anschließend zu beweisen, dass seine ungewöhnliche Idee tatsächlich richtig war.

Die winzigen Proteinstrukturen, die in den Mitochondrien die Aufgabe von »Turbinen« übernehmen, sehen tatsächlich ein wenig wie die echten Turbinen in Wasserkraftwerken aus, obwohl sie um einen Faktor von mehreren Milliarden kleiner sind! Während die Protonen durch die molekulare Turbine strömen, deren Kanal nur einen Durchmesser von zehn Tausendstel eines Millimeters aufweist, treiben sie einen ebenso kleinen molekularen Rotor an. Dieser kreisende Rotor sorgt für die Herstellung einer überaus wichtigen chemischen Bindung, indem er ein neues Molekül produziert, das Adenosintriphosphat oder abgekürzt ATP. Das geschieht im rasenden Takt von 150 Reaktionen pro Sekunde.

ATP ist die universelle Energiequelle des Lebens. Jedes ATP-Molekül speichert Energie wie eine winzige Batterie. Wenn eine chemische Reaktion in einer Zelle Energie braucht, spaltet die Zelle die energiereiche ATP-Bindung und verwandelt ATP in Adenosindiphosphat (ADP): Bei diesem Prozess wird Energie freigesetzt, mit deren Hilfe die Zelle eine chemische Reaktion oder einen physikalischen Prozess in Gang bringen kann, etwa die verschiedenen Schritte, die ein molekularer Motor ausführt.

Die meisten Bestandteile der Nahrung, die Sie zu sich nehmen, werden am Ende in den Mitochondrien Ihrer Zellen verarbeitet, die die darin enthaltene Energie zur Herstellung riesiger Mengen ATP verwenden. Um die Energie für alle chemischen Reaktionen bereitzustellen, die erforderlich sind, um all die Billionen Zellen Ihres Körpers ausreichend zu versorgen, produzieren Ihre Mitochondrien gemeinsam pro Tag ATP in einer Menge, die Ihrem Körpergewicht entspricht! Fühlen Sie den Pulsschlag an Ihrem Handgelenk, die Wärme Ihrer Haut, das Heben und Senken Ihrer Brust bei der Atmung: All das wird von ATP angetrieben. Das Leben verdankt seine Energie ATP.

Alle Lebewesen sind auf eine beständige und verlässliche Energiezufuhr angewiesen, und letztlich erzeugen sie alle ihre Energie auf die gleiche Weise: durch die Steuerung des Protonenflusses durch eine Membranbarriere zur Herstellung von ATP. Wenn es überhaupt so etwas wie *den* »Lebensfunken« gibt, dann ist es vielleicht dieser winzige Ladungsfluss durch eine Membran. Doch der hat nichts mit Mystik zu tun: Es handelt sich um einen gründlich verstandenen physikalischen Prozess. Bakterien pumpen zu diesem Zweck Protonen aktiv durch ihre äußere Membran, während die komplexeren Eukaryoten dafür ein spezielles Kompartiment haben: das Mitochondrium.

In ihrer Gesamtheit führen alle diese unterschiedlichen Ebenen räumlicher Organisation in Zellen – von den unvorstellbar kleinen Andockstellen in einzelnen Enzymen bis zu dem vergleichsweise großen Kern, der die Chromosomen enthält – zu einem neuen Verständnis der Zelle. Wenn wir die schönen und hochkomplexen Bilder betrachten, die wir den extrem leistungsfähigen modernen Mikroskopen verdanken, sehen wir ein vielschichtiges und ständig sich wandelndes Netz von organisierten und miteinander verbundenen Mikro-Umgebungen. Diese Auffassung von der Zelle ist himmelweit von der Sichtweise entfernt, nach der Zellen bloße Legosteine sind, aus denen sich komplexere Gewebe und Organe von Pflanzen und Tieren zusammensetzen. Jede Zelle ist eine eigenständige Lebenswelt, die in sich abgeschlossen und hochdifferenziert ist.

Seit Lavoisier vor mehr als zwei Jahrhunderten zu fragen begann, was bei der Fermentation geschieht, sind die Biologen nach und nach zu der Erkenntnis gelangt, dass sich auch die kompliziertesten Verhaltensweisen von Zellen oder mehrzelligen Organismen chemisch und physikalisch erklären lassen. Für mich und meine Kollegen in unserem Labor war dieser Denkansatz sehr wichtig, als wir herauszufinden versuchten, wie der Zellzyklus kontrolliert wird. Nachdem wir das *cdc2*-Gen als Zellzyklusregulator identifiziert hatten, wollten wir auch wissen, was das Gen tatsächlich *macht*. Welche chemischen oder physikalischen Prozesse führt das vom *cdc2*-Gen codierte Cdc2-Protein tatsächlich aus?

Um das herauszuarbeiten, mussten wir die eher abstrakte Welt der Genetik verlassen, um uns in die konkretere, mechanistische Welt der Zellchemie zu begeben. Das heißt, wir haben uns mit der Biochemie beschäftigt. Die Biochemie wählt in der Regel einen eher reduktionistischen Ansatz, indem sie chemische Mechanismen in größerem Detail beschreibt, während die Genetik ganzheitlicher verfährt, das Verhalten des lebenden Systems als Ganzes betrachtet. In unserem Fall hatten Genetik und Zellbiologie gezeigt, dass *cdc2* ein wichtiger Regulator des Zellzyklus ist, aber wir brauchten die Biochemie, um zu herauszufinden, wie das vom *cdc2*-Gen codierte Protein auf molekularer Ebene wirkt. Die beiden Ansätze liefern Erklärungen unterschiedlicher Art; wenn sie übereinstimmten, hatten wir die Gewissheit, dass wir auf dem richtigen Weg waren.

Wie sich zeigte, ist das Protein Cdc2 ein Enzym, das zu den Proteinkinasen gehört. Diese Enzyme katalysieren eine Reaktion, die man als *Phosphorylierung* bezeichnet. Dabei wird ein kleines Phosphatmolekül mit einer großen negativen Ladung an andere Proteine angehängt. Bevor Cdc2 als Proteinkinase wirken kann, muss es sich an ein anderes Protein binden, das Cyclin, das Cdc2 aktiviert. Zusammen bilden Cdc2 und Cyclin einen aktiven Proteinkomplex, die Cyclin-abhängige Kinase, abgekürzt CDK. Cyclin wurde von meinem Freund und Kollegen Tim Hunt entdeckt und benannt, weil die Konzentration dieses Proteins während des Zellzyklus »zyklisch« (*cyclic*) ansteigt und abfällt. Diese Veränderungen gehören zu dem Mechanismus, mit dessen Hilfe die Zelle dafür sorgt, dass der CDK-Komplex zum richtigen Zeitpunkt »an-« und »abgeschaltet« wird. Nebenbei bemerkt, *Cyclin* ist ein viel besserer Name als *cdc2*!

Wenn der aktive CDK-Komplex andere Proteine phosphoryliert, verändert das negativ geladene Phosphatmolekül die Form und die chemischen Eigenschaften der Zielproteine. Das wiederum modifiziert ihre Wirkung. Beispielsweise kann er andere Enzyme aktivieren, so, wie das Anhängen von Cyclin an das Cdc2-Protein CDK aktiviert. Da Proteinkinasen wie CDK viele verschiedene Proteine gleichzeitig phosphorylieren können, werden diese Enzyme in Zellen häufig als Schalter verwendet. Genau das geschieht im Zellzyklus. Prozesse wie das Kopieren der DNA in der S-Phase, zu einem frühen Zeitpunkt des Zellzyklus, und die Trennung der kopierten Chromosomen während der Mitose, zu einem späten Zeitpunkt, setzen die koordinierte Aktivität vieler verschiedener Enzyme voraus. Durch gleichzeitige Phosphorylierung großer Zahlen dieser verschiedenen Proteine kann CDK komplexe Zellprozesse kontrollieren. Deshalb ist das Verständnis der Proteinphosphorylierung eine entscheidende Voraussetzung, um die Regulierung des Zellzyklus zu begreifen.

Ich kann gar nicht genug betonen, wie befriedigend es war, alle diese Dinge herauszufinden und tatsächlich zu beobachten, welch großen Einfluss *cdc2* auf den Zellzyklus ausübt. Es war wirklich einer dieser seltenen Heureka-Momente. Das Forschungsprogramm meines Labors hatte sich verlagert: Zunächst hatten wir Gene in der Hefe identifiziert, unter anderem das *cdc2*, das den Zellzyklus und damit auch die Zellreproduktion kontrolliert, dann haben wir gezeigt, dass diese Kontrolle in allen Eukaryoten, von der Hefe bis zum Menschen, gleich abläuft, und schließlich haben wir den molekularen Mechanismus herausgearbeitet, durch den sie wirkt. Dafür haben wir – an die zehn Kolleginnen und Kollegen – allerdings viel Zeit gebraucht, insgesamt rund fünfzehn Jahre. Und, wie üblich in der Wissenschaft, haben wir uns auf Beiträge aus vielen Labors in aller Welt gestützt, in denen andere Biologen den Zellzyklus einer ziemlichen Bandbreite von Lebewesen erforschten – Seesterne, Seeigel, Taufliegen, Frösche, Mäuse und sogar Menschen.

Letztlich entsteht das Leben aus den relativ einfachen und sattsam bekannten Regeln chemischer Anziehung und Abstoßung sowie des Knüpfens und Lösens molekularer Bindungen. Diese Basisprozesse laufen in enormer Zahl auf einer winzigen molekularen Größenskala ab, und sie wirken in einer Weise zusammen, dass Bakterien entstehen, die schwimmen können, Flechten, die auf Felsen wachsen, Blumen, die in unseren Gärten blühen, flatternde Schmetterlinge, Sie und ich, die wir in der Lage sind, diese Seiten zu schreiben und zu lesen.

Die Vorstellung, Zellen, und daher lebende Organismen, seien zwar ziemlich komplizierte, aber letztlich verständliche chemische und physikalische Maschinen, ist gegenwärtig die vorherrschende Auffassung vom Leben. Heute gehen die Forscher von dieser Erkenntnis aus, wenn sie versuchen, alle Komponenten dieser erstaunlich komplexen lebenden Maschinen zu bestimmen. Zu diesem Zweck stehen uns heute außerordentlich leistungsfähige Technologien zur Verfügung, die uns ermöglichen, tief in die extreme Komplexität der lebenden Zellen einzudringen. Wir sind in der Lage, uns eine Zelle oder eine Zellgruppe vorzunehmen und alle darin befindlichen DNA- und RNA-Moleküle zu sequenzieren sowie die darin vorkommenden tausenden verschiedener Proteinarten zu identifizieren und zu zählen. Auch alle Fette, Zucker und andere in Zellen vorhandene Moleküle, können wir detailliert beschreiben. Diese Techniken erweitern die Reichweite unserer Sinne um ein Vielfaches und ermöglichen uns einen neuen und extrem umfassenden Blick auf die unsichtbaren und ständig sich verändernden Komponenten der Zelle.

Mit diesen neuen Einblicken in die Zelle ergeben sich auch neue Herausforderungen. Dazu schrieb Sydney Brenner: »Wir ertrinken in Daten, aber uns dürstet nach Wissen.« Er beanstandete, dass zu viele Biologen zu viel Zeit damit verbringen, die Einzelheiten der Chemie des Lebens festzuhalten und eingehend zu beschreiben, ohne immer ganz zu verstehen, was all das *bedeutet*. Wollen wir diese Daten in nützliches Wissen umwandeln, müssen wir begreifen, wie Lebewesen Information *verarbeiten*.

Das ist die fünfte große Idee der Biologie, und mit ihr wollen wir uns als Nächstes beschäftigen.

5.
Leben als Information
Als ein Ganzes funktionieren

Was brachte den Zitronenfalter vor all den Jahren dazu, den Garten meiner Kindheit aufzusuchen? Hatte er Hunger, suchte er nach einem Ort, wo er seine Eier ablegen konnte, oder wurde er vielleicht von einem Vogel gejagt? Vielleicht folgte er auch nur einem inneren Drang, die Welt zu erkunden? Natürlich weiß ich nicht, warum dieser Schmetterling sich so und nicht anders verhielt, aber ich kann sagen, dass er mit seiner Welt interagierte und entsprechend handelte. Dazu musste er Information heranziehen.

Information nimmt einen zentralen Platz in der Existenz des Schmetterlings und aller anderen Lebensformen ein. Lebende Organismen können nur dann effektiv als komplexe, organisierte Systeme funktionieren, wenn sie ständig Informationen über die Außenwelt und ihre inneren Zustände sammeln und verwerten. Wenn sich diese Welten – die äußere oder die innere – wandeln, brauchen die Organismen Mechanismen, mit denen sie die Veränderungen entdecken und auf sie reagieren können. Tun sie das nicht, könnte sich ihre Zukunft als ziemlich kurz erweisen.

Wie lässt sich diese Erkenntnis auf den Schmetterling anwenden? Als er bei uns herumflog, legte er mithilfe seiner Sinne ein genaues Bild unseres Gartens an. Seine Augen entdeckten Licht, seine Fühler sammelten Moleküle der verschiedenen chemischen Stoffe in seiner unmittelbaren Umgebung, und seine Härchen registrierten feinste Luftschwingungen. Alles in allem sammelte er eine Menge *Informationen* über den Garten, in dem ich saß. Dann fasste er die unterschiedlichen Informationen zusammen, um sie in nützliches Wissen zu verwandeln, das ihm als Handlungsvorlage dienen konnte. Das Wissen mochte darin bestehen, dass der Zitronenfalter den Schatten eines Vogels entdeckte, ein allzu neugieriges Kind oder den Geruch vom Nektar einer Blume. Daraus folgte ein Ergebnis: eine geordnete Sequenz von Flügelbewegungen, die den Schmetterling entweder vor dem Vogel oder dem neugierigen Kind in Sicherheit brachten oder zu einer Mahlzeit auf einer Blume führten. Der Schmetterling fasste viele verschiedenen Informationsquellen zusammen und traf auf dieser Basis Entscheidungen, die entscheidende Konsequenzen für seine Zukunft hatten.

Eng verknüpft mit ihrer Abhängigkeit von Information ist die Zweckmäßigkeit im Handeln von Lebewesen. Die Information, die der Schmetterling sammelte, hatte eine bestimmte *Bedeutung*. Sie wurde von dem Schmetterling für die Entscheidung herangezogen, was er als Nächstes tun wollte, um einen bestimmten Zweck zu erreichen. Mit anderen Worten, er handelte *zweckmäßig*.

Die Biologie ist eine naturwissenschaftliche Disziplin, in der es häufig sinnvoll ist, über Zweckmäßigkeit zu sprechen. In der Physik dagegen würden wir nicht nach dem Zweck eines Flusses, eines Kometen oder einer Gravitationswelle fragen. Aber es ist durchaus sinnvoll, diese Frage in Hinblick auf ein *cdc2*-Gen oder den Flug eines Schmetterlings zu stellen. Alle lebenden Organismen erhalten und organisieren sich selbst, sie wachsen und sie reproduzieren sich. Das sind zweckmäßige Verhaltensweisen, die sich im Zuge der Evolution entwickelt haben, weil sie die Aussichten von Lebewesen erhöhen, ihren grundlegenden Zweck zu verwirklichen, soll heißen, den eigenen Fortbestand und den ihrer Nachkommen zu sichern.

Zweckmäßiges Verhalten ist ein definierendes Merkmal des Lebens, aber es ist nur möglich, wenn lebende Systeme als Ganzes operieren. Als einer der Ersten hat Immanuel Kant diese Eigenschaft an der Wende zum 19. Jahrhundert als Erkennungsmerkmal von Lebewesen beschrieben. In der *Kritik der Urteilskraft* vertrat Kant die Ansicht, dass die Teile eines Lebewesens um des ganzen Wesens willen existierten, und dass das ganze Lebewesen um seiner Teile willen existiere. Lebendige Organismen seien organisierte, zusammenhängende und sich selbst regulierende Wesen, die selbst über ihr Schicksal entschieden.

Übertragen wir diesen Gedanken auf die Ebene der Zelle. In jeder Zelle findet eine Fülle unterschiedlicher chemischer Reaktionen und physikalischer Vorgänge statt. Das ganze System bräche rasch zusammen, wenn alle diese verschiedenen Prozesse chaotisch oder in direkter Konkurrenz zueinander abliefen. Nur durch Informationsmanagement kann die Zelle in der extremen Komplexität ihrer Operationen Ordnung bewahren und damit ihren höchsten Zweck erfüllen: am Leben zu bleiben und sich zu reproduzieren.

Um zu verstehen, wie das möglich ist, rufen wir uns ins Gedächtnis, dass die Zelle eine chemische und physikalische Maschine ist, die als Ganzes funktioniert. Es ist durchaus möglich, eine ganze Menge über eine Zelle zu erfahren, indem man ihre einzelnen Komponenten untersucht, doch das Bild ist viel komplexer: Um richtig zu arbeiten, müssen die vielen chemischen Reaktionen, die innerhalb der lebenden Zelle ablaufen, miteinander kommunizieren und sich aufeinander abstimmen. Wenn sich dann entweder ihre Umgebung oder ihr innerer Zustand verändert – beispielsweise die Zuckerkonzentration in der Zelle sinkt oder eine giftige Substanz eindringt –, kann sie diese Veränderung bemerken und ihre Aktivität darauf einstellen, damit das ganze System weiterhin möglichst reibungslos arbeitet. Wie ein Schmetterling Informationen über die Welt sammelt und anhand dieses Wissens sein Verhalten verändert, bewerten Zellen fortwährend die chemischen und physikalischen Verhältnisse in ihrem Inneren und in ihrer Umgebung, um auf Basis dieser Information ihren inneren Zustand zu regulieren.

Um besser zu begreifen, wie Zellen sich mithilfe von Information selbst regulieren, sollten wir vielleicht zunächst betrachten, wie die einfacher konstruierten, von Menschenhand geschaffenen Maschinen das bewerkstelligen. Nehmen wir den Fliehkraftregler, den der holländische Universalgelehrte Christiaan Huygens für den Antrieb von Mühlsteinen entwickelt hatte, der dann aber 1788 mit großem Erfolg von dem schottischen Ingenieur und Wissenschaftler James Watt verwendet wurde. Dieser setzte das Gerät in Dampfmaschinen ein, damit diese mit gleichmäßiger Geschwindigkeit arbeiteten, statt das Tempo ständig zu erhöhen und am Ende kaputtzugehen. Es besteht aus zwei Metallkugeln, die sich um eine von der Dampfmaschine selbst angetriebene Mittelachse drehen. Je schneller die Maschine läuft, desto weiter werden die Kugeln nach außen und nach oben getrieben. Dieser Vorgang öffnet ein Ventil, das Dampf aus dem Zylinder entlässt und die Maschine bremst. In dem Maße, wie die Maschine sich verlangsamt, zieht die Schwerkraft die Kugeln wieder herunter, wodurch sich das Ventil schließt und den Gang der Maschine beschleunigt, bis die erwünschte Geschwindigkeit erneut erreicht ist.

Am besten können wir Watts Fliehkraftregler durch das Informationskonzept erklären. Die Position der Kugeln liefert gewissermaßen die Information über die Geschwindigkeit der Maschine. Wenn diese Geschwindigkeit den gewünschten Wert überschreitet, wird ein Schalter aktiviert – das Dampfventil –, der die Geschwindigkeit verringert. So entsteht ein Informationsverarbeitungsgerät, mit dessen Hilfe die Maschine sich selbst regulieren kann, ohne auf die Hilfe eines menschlichen Bedieners angewiesen zu sein. Watt hatte ein einfaches mechanisches Gerät gebaut, das sich zweckmäßig verhielt. Sein Zweck bestand darin, für eine konstante Geschwindigkeit der Dampfmaschine zu sorgen, und diesen Zweck erfüllte das Gerät vorzüglich.

In vielen lebenden Zellen finden Systeme Anwendung, die im Prinzip genauso funktionieren, wenn auch häufig mittels sehr viel komplexerer und anpassungsfähigerer Mechanismen. Derartige Mechanismen bieten eine hervorragende Möglichkeit zur Herstellung von Homöostase – dem aktiven Prozess, durch den lebensförderliche

Bedingungen aufrechterhalten werden. Durch Homöostase gelingt es Ihrem Körper beispielsweise, Temperatur, Flüssigkeitsvolumen und Blutzucker auf gleichbleibenden Niveaus zu halten.

Informationsverarbeitung durchdringt alle Bereiche des Lebens. Dazu wollen wir zwei Beispiele komplexer zellulärer Komponenten und Prozesse betrachten, die sich am besten aus Sicht der Informationstheorie verstehen lassen.

Zunächst beschäftigen wir uns mit der DNA und der Frage, wie sich aus ihrer Molekularstruktur die Vererbung erklären lässt. Entscheidend ist, dass im Falle der DNA jedes Gen eine *lineare* Informationssequenz in der vierbuchstabigen Sprache der DNA darstellt. Lineare Sequenzen sind eine vertraute und hocheffiziente Strategie zur Speicherung und Übertragung von Information; sie finden beispielsweise Anwendung in den Wörtern und Sätzen, die Sie hier lesen, und wurden auch von den Programmierern verwendet, die die Codes für den Computer auf Ihrem Schreibtisch und das Handy in Ihrer Tasche geschrieben haben.

Alle diese verschiedenen Codes speichern Information *digital*. Digital heißt hier, dass Information durch verschiedene Kombinationen einer kleinen Anzahl von Zeichen oder Ziffern (engl. *digits*) gespeichert wird. Die englische Sprache verwendet 26 verschiedene Zeichen – die Buchstaben des Alphabets –, Computer und Smartphones nutzen Muster von »1« und »2«, und die Zeichen oder Ziffern der DNA sind die vier Nukleinbasen. Digitalcodes haben den großen Vorteil, dass sie sich leicht von einem Codierungssystem in ein anderes übersetzen lassen. Bei Zellen geschieht das, wenn sie den DNA-Code in RNA und dann in Proteine übersetzen. Das heißt, sie verwandeln genetische Information in einen physischen Vorgang, und das auf eine reibungslose und flexible Weise, mit der sich bislang noch kein System von Menschenhand messen kann. Während Computersysteme Information in ein anderes physisches Medium »schreiben« müssen, um es zu speichern, »ist« das DNA-Molekül die Information, was es zu einem kompakten Datenspeicher macht. Aus diesem Grund suchen Verfahrenstechniker jetzt nach Möglichkeiten, Informationen in DNA-Molekülen zu speichern und sie so auf die denkbar zuverlässigste und raumsparendste Weise zu archivieren.

Die andere wichtige Eigenschaft der DNA ist ihre Fähigkeit, sich selbst sehr exakt zu kopieren, was ebenfalls eine unmittelbare Konsequenz ihrer Molekularstruktur ist. Für die Informationsübertragung ist es wichtig, dass die molekulare Anziehungskraft zwischen den Basenpaaren (A-T und G-C) eine sehr genaue und zuverlässige Methode für das Kopieren der Informationen in den DNA-Molekülen bereitstellt. Diese immanente Replizierbarkeit erklärt letztlich, warum die in der DNA enthaltene Information so stabil ist. Einige Gensequenzen haben unermessliche Zeiträume durch eine ununterbrochene Reihe von Zellteilungen überstanden. Große Teile des genetischen Codes, der für verschiedene Zellkomponenten wie beispielsweise die Ribosomen codiert, sind in allen Organismen gleich – egal, ob es sich um Bakterien, Archaea, Pilze, Pflanzen oder Tiere handelt. Das heißt, die Kerninformation in diesen Genen ist vermutlich seit drei Milliarden Jahren erhalten geblieben.

Das erklärt, warum die Doppelhelix-Struktur so wichtig ist. Durch ihre Entdeckung schlugen Crick und Watson eine Brücke zwischen dem theoretischen Ansatz der Genetiker – *top down* (»von oben nach unten«) –, denen es um die Frage geht, wie die zur Fortdauer des Lebens erforderliche Information von einer Generation an die nächste weitergereicht wird, und der mechanistischen Auffassung – *bottom up* (»von unten nach oben«) –, nach der es zu klären gilt, wie die Zelle entsteht und funktioniert. Die Doppelhelix verdeutlicht, warum die Chemie des Lebens nur dann einen Sinn ergibt, wenn sie unter dem Aspekt der Information betrachtet wird.

Das zweite Beispiel, in dem Information der Schlüssel zum Verständnis des Lebens ist, ist die Genregulation – die Folge von chemischen Reaktionen, mit deren Hilfe Zellen bestimmte Gene »an-« und »ausschalten«. Das ermöglicht es Zellen, nur die Teile des gesamten Satzes genetischer Information zu nutzen, die sie zu einem gegebenen Zeitpunkt benötigen. Wie lebenswichtig diese Fähigkeit ist, zeigt die Entwicklung eines formlosen Embryos zu einem vollständig ausgestalteten Menschen. Die Zellen in Niere, Haut und Gehirn enthalten alle den gleichen Satz von 22 000 Genen, aber die Genregulation sorgt dafür, dass die Gene, die erforderlich sind, um eine Niere zu bilden, in embryonalen Nierenzellen »eingeschaltet« werden, während diejenigen, deren Funktion es ist, für die Bildung von Haut oder Gehirn zu sorgen, abgeschaltet bleiben – und umgekehrt. Letztlich sind die Zellen in jedem Ihrer Organe unterschiedlich, weil sie verschiedene Genkombinationen verwenden. Tatsächlich geht man davon aus, dass nur rund viertausend Gene oder ein Fünftel Ihres gesamten Gensatzes angeschaltet sind und von all den verschiedenen Zelltypen Ihres Körpers für die Aktivitäten verwendet werden, die sie brauchen, um zu überleben. Die restlichen werden lediglich gelegentlich angeschaltet, weil sie spezielle Funktionen ausführen, die entweder nur von manchen Zelltypen oder nur zu bestimmten Zeiten gebraucht werden.

Genregulation heißt auch, dass genau der gleiche Gensatz verwendet werden kann, um je nach Lebensphase völlig verschiedene Geschöpfe hervorzubringen. Jeder prächtig anzusehende Zitronenfalter beginnt als bescheiden anmutende grüne Raupe; die spektakuläre Metamorphose von einer Form zur anderen wird dadurch bewirkt, dass verschiedene Teile der im selben Genom gespeicherten Gesamtinformation abgerufen und unterschiedlich genutzt werden. Doch die Genregulation ist nicht nur wichtig, solange Organismen wachsen und sich entwickeln, sie ist auch eines der wichtigsten Mittel, das den Zellen dazu dient, ihre Funktionen und Strukturen anzupassen, wenn sich ihre Umgebung verändert. Entdeckt ein Bakterium beispielsweise eine neue Zuckerquelle, wird es rasch die Gene anschalten, die es braucht, um diesen Zucker zu verdauen. Mit anderen Worten, das Bakterium verfügt über ein sich selbst regulierendes System, das automatisch genau die Information auswählt, mit der es seine Aussichten auf Überleben und Reproduktion verbessern kann.

Die Biochemiker haben viele der grundlegenden Mechanismen identifiziert, die diese Meisterleistungen der Genregulation vollbringen. Es gibt Proteine, die als sogenannte »Repressoren« dienen, das heißt, Gene abschalten, oder »Aktivatoren« sind und Gene anschalten. Dazu suchen sie bestimmte DNA-Sequenzen in der Nähe des zu regulierenden Gens auf und binden sich an sie, woraufhin sich die Wahrscheinlichkeit verringert oder erhöht, dass eine mRNA produziert und zur Herstellung eines Proteins an ein Ribosom geschickt wird.

Dabei sollten wir im Gedächtnis behalten, dass alles das auf der chemischen Ebene geschieht, wobei uns nicht nur interessiert, *wie* Gene reguliert werden, sondern auch, *welche* Gene reguliert werden, ob sie an- oder abgeschaltet werden und *warum*. Die Antworten auf diese Fragen werden uns neue Verständnisebenen erschließen. Sie können uns ersten Aufschluss darüber geben, wie die Informationen, die in dem Genom einer noch undifferenzierten menschlichen Eizelle enthalten sind, die Bildung der vielen hundert unterschiedlichen Zelltypen eines menschlichen Babys steuern können, wie ein neues Herzmittel Gene an- und abschalten kann, um das Verhalten von Herzmuskelzellen zu korrigieren, wie wir die Gene eines Bakteriums so verändern können, dass sie ein neues Antibiotikum produzieren, und noch vieles mehr. Sobald wir die Genregulation aus dieser Sicht betrachten, wird klar, dass Konzepte, die sich an der Informationsverarbeitung orientieren, entscheidend für das Verständnis der grundlegenden Lebensprozesse sind.

Dieser bahnbrechende Denkansatz ergab sich aus Studien von Jacques Monod und seinem Kollegen François Jacob – Forschungsarbeiten, für die sie 1965 den Nobelpreis erhielten. Sie wussten, dass sich die *E.-coli*-Bakterien, die sie untersuchten, von zwei Zuckern ernährten, wobei sie sich jeweils entweder an den einen oder an den anderen hielten. Für die Metabolisierung, den Abbau der beiden Zucker sorgen zwei verschiedene Enzyme, die von unterschiedlichen Genen produziert werden. Die Frage lautete, wie entschieden die Bakterien, wie sie zwischen den beiden Zuckern zu wechseln hatten?

Die beiden Forscher entwarfen eine Reihe brillanter genetischer Experimente, die zeigten, welche Logik diesem besonderen Fall der Genregulation zugrunde liegt. Wenn die Bakterien sich von einem der beiden Zucker ernähren, schaltet ein Genrepressorprotein das Schlüsselgen ab, das für die Metabolisierung des alternativen Zuckers erforderlich ist. Doch wenn der wieder zur Verfügung steht, schaltet das Bakterium rasch auf das unterdrückte Gen zurück, um diesen Zucker verdauen zu können. Der entscheidende Faktor für das Umschalten ist der alternative Zucker selbst: Er bindet an das Repressorprotein, beeinträchtigt dessen Funktion und ermöglicht damit die erneute Anschaltung des unterdrückten Gens. Das ist ein sparsamer und zuverlässiger Weg zu zweckmäßigem Verhalten. Die Evolution hat das Bakterium mit der Fähigkeit ausgestattet, die Gegenwart einer alternativen Energiequelle wahrzunehmen und mithilfe dieser Information seine inneren chemischen Prozesse entsprechend anzupassen.

Besonders beeindruckend war, dass Jacob und Monod diese Erkenntnisse gewannen, als noch niemand imstande war, die an diesem Prozess beteiligten Gene und Proteine wirklich zu isolieren. Das Problem lösten sie, indem sie ihre Bakterien unter dem Gesichtspunkt der Information betrachteten, woraus folgte, dass sie nicht alle technischen Details der an dem Prozess beteiligten chemischen Stoffe und Komponenten kennen mussten. Stattdessen stützten sie sich bei ihrem Ansatz auf die Genetik, auf Genmutationen, die an dem Prozess beteiligt waren, und behandelten Gene als abstrakte Informationskomponenten, die die Genexpression kontrollierten.

Jacob schrieb ein Buch mit dem Titel *La Logique du vivant* (*Die Logik des Lebens*) und Monod eines mit dem Titel *Le hasard et la nécessité* (*Zufall und Notwendigkeit*). Beide behandelten dort ähnliche Fragen, wie ich sie im vorliegenden Buch erörtere, und beide haben mich stark beeinflusst. Monod habe ich nie kennengelernt, Jacob jedoch mehrfach getroffen. Als ich ihn das letzte Mal sah, lud er mich in Paris zum Mittagessen ein. Er wollte mit mir über sein Leben und seine Ideen sprechen: Wie das Leben zu definieren sei, welche philosophische Bedeutung die Evolution habe und wie gegensätzlich die Beiträge französischer und angelsächsischer Wissenschaftler zur Geschichte der Biologie seien. Obwohl infolge alter Kriegsverwundungen von ständiger Unruhe geplagt, erwies er sich als typischer französischer Intellektueller: unglaublich belesen in Philosophie, Literatur und Politik. Es war für mich eine wunderbare und denkwürdige Begegnung.

Als Jacob und Monod forschten, begann man allmählich zu verstehen, wie die Information von der Gensequenz zum Protein und zur Zellfunktion fließt und wie dieser Fluss gelenkt wird. Ein solcher informationsbasierter Ansatz bestimmte auch mein Denken. Als ich meine Forschungstätigkeit begann, wollte ich wissen, wie die Zelle ihren eigenen Zustand interpretiert und wie sie ihre inneren chemischen Prozesse zur Kontrolle des Zellzyklus organisiert. Ich wollte nicht nur beschreiben, was während des Zellzyklus geschieht, ich wollte auch verstehen, was diesen Zyklus *kontrolliert*. Daher betrachtete ich den Zellzyklus immer wieder unter dem Gesichtspunkt der Information und sah in der Zelle nicht nur eine chemische Maschine, sondern auch – genau wie Jacob und Monod – ein logisches und datenverarbeitendes System, das seine Existenz und Zukunft der Fähigkeit zum effizienten Umgang mit Information verdankt.

In den letzten Jahrzehnten haben Biologen mit viel Mühe leistungsfähige Werkzeuge entwickelt, die ihnen unter anderem ermöglichen, die verschiedenen Komponenten lebender Zellen zu identifizieren und zu zählen. Beispielsweise haben wir in meinem Labor viel Zeit und Arbeit in die Sequenzierung des gesamten Genoms der Spalthefe *Schizosaccharomyces pombe* investiert. Das geschah in Kooperation mit Bart Barrell, der schon mit Fred Sanger zusammengearbeitet hatte, dem Mann, der in den 1970er Jahren die erste praktische und verlässliche Methode für die Sequenzierung von DNA entwickelt hatte. Während dieses Projekts begegnete ich Fred mehrfach, obwohl er damals schon offiziell im Ruhestand lebte. Er war ein ziemlich stiller, freundlicher Mensch, der sich mit Hingabe seinen Rosen widmete und der, wie viele der erfolgreichsten Wissenschaftler, die ich im Laufe der Jahre kennengelernt habe, nie mit seiner Zeit geizte, sondern immer ein offenes Ohr und ein paar Ermutigungen für jüngere Wissenschaftler hatte. Wenn er Barts Labor einen Besuch abstattete, sah er wie ein Gärtner aus, der sich verlaufen hatte – ein Gärtner, der bekanntlich zwei Nobelpreise bekommen hat!

Bart und ich organisierten eine Forschungsgruppe, der rund ein Dutzend Labors in ganz Europa angehörten, mit dem Ziel, alle fast 14 Millionen DNA-Buchstaben des Spalthefegenoms auszulesen. Etwa hundert Menschen brauchten rund drei Jahre für das Projekt. Wenn ich mich recht erinnere, war es der dritte Eukaryot, der vollständig und genau sequenziert wurde. Das war um die Jahrtausendwende. Heute könnten ein paar Leute das gleiche Genom an einem Tag sequenzieren! Die Fortschritte, die die DNA-Sequenzierung in den letzten beiden Jahrzehnten gemacht hat, sind wirklich enorm.

Daten wie diese zu sammeln, ist wichtig, aber nur der erste Schritt auf dem Weg zu dem entscheidenden und anspruchsvolleren Ziel – nämlich zu verstehen, wie alles zusammenwirkt. Meiner Meinung nach werden wir dabei am besten vorankommen, wenn wir uns vorstellen, die Zelle bestehe aus einer Reihe von einzelnen Modulen, die gemeinsam bestrebt sind, die komplexeren Eigenschaften des Lebens hervorzubringen. Mit dem Wort »Modul« bezeichne ich hier eine Reihe von Komponenten, die als Einheit bestimmte informationsverarbeitende Aufgaben erfüllen.

Nach dieser Definition wäre Watts Fliehkraftregler ein Modul mit dem eindeutig vorgegebenen Ziel, die Geschwindigkeit einer Maschine zu steuern. Das von Jacob und Monod entdeckte Genregulationssystem zur Kontrolle der Zuckerverwendung in Bakterien ist ein weiteres Beispiel. Informationstheoretisch betrachtet, arbeiten sie beide ziemlich ähnlich: Sie sind Beispiele für eine bestimmte Art von Informationsverarbeitungsmodulen, die man als negative Rückkopplungsschleifen bezeichnet.

Module dieser Art werden verwendet, um einen stabilen Zustand zu gewährleisten; in der Biologie sind sie weit verbreitet. So sorgen Sie dafür, dass Ihr Blutzuckerspiegel relativ konstant ist, selbst wenn Sie sich einen süßen Leckerbissen wie einen Donut mit Zuckerguss gönnen. Zellen in Ihrer Bauchspeicheldrüse können überhöhte Zuckerspiegel entdecken und daraufhin das Hormon Insulin in Ihre Blutbahn ausschütten. Dieses Hormon wiederum veranlasst die Zellen in Leber, Muskeln und Fettgeweben, Zucker aufzunehmen und so Ihren Blutzuckerspiegel zu senken. Dort wird der Zucker entweder in das unlösliche Glykogen oder in Fett verwandelt und zur späteren Verwendung gespeichert.

Ein Modul anderer Art ist die positive Rückkopplungsschleife, die irreversible Schalter bilden können – einmal angeschaltet, können sie nie wieder abgeschaltet werden. Eine solche positive Rückkopplungsschleife kontrolliert beispielsweise das Reifen von Äpfeln: Reifende Apfelzellen erzeugen ein Gas namens Ethylen, das zwei Dinge bewirkt: Es beschleunigt die Reifung und erhöht die Ethylenproduktion. Daraus folgt, dass Äpfel nie an Reife verlieren können und dass benachbarte Äpfel in der Lage sind, einander zu rascherer Reifung zu verhelfen.

Wenn verschiedene Module miteinander verbunden werden, können sie Erstaunliches leisten. Zum Beispiel werden auf diese Weise Schalter produziert, die sich von »An«- zu »Aus«-Zuständen bewegen und umgekehrt, oder Oszillatoren, die rhythmisch und fortdauernd zwischen »An« und »Aus« hin- und herschwingen. Biologen haben Oszillatoren identifiziert, die auf der Ebene von Genen und Proteinen arbeiten. Sie dienen vielen verschiedenen Zwecken, beispielsweise unterscheiden sie zwischen Tag und Nacht. Pflanzen haben in ihren Blättern Zellen, die mithilfe eines oszillierenden Netzes von Genen und Proteinen das Verstreichen der Zeit messen, und damit der Pflanze ermöglichen, den Beginn eines neuen Tages zu antizipieren. So kann sie die Gene anschalten, die für die Photosynthese erforderlich sind, bevor das erste Licht auf sie fällt. Andere Oszillatoren gehen an und aus, weil Zellen untereinander kommunizieren. Ein Beispiel ist das Herz, das in diesem Augenblick in Ihrer Brust schlägt. Ein anderer ist der neuronale Schwingkreis, der in Ihrem Rückgrat das spezifische Muster von wiederholter Kontraktion und Erschlaffung aktiviert, das Ihnen ermöglicht, mit gleichbleibender Geschwindigkeit zu gehen. All das geschieht, ohne dass Sie diesen Ereignissen einen bewussten Gedanken schenken müssten.

In lebenden Organismen vernetzen sich verschiedene Module, um komplexere Verhaltensweisen zu erzeugen. Eine Metapher dafür ist die Art, wie die verschiedenen Funktionen eines Smartphones funktionieren. Jede dieser Funktionen des Handys – Anrufe tätigen, ins Internet gehen, Fotografieren, Musik abspielen, E-Mails senden und so fort – hat Ähnlichkeit mit den Modulen, die in Zellen aktiv sind. Ein Ingenieur, der ein Smartphone entwickelt, muss dafür sorgen, dass alle diese verschiedenen Module zusammenwirken, damit das Handy alle Aufgaben erledigen kann, die man von ihm erwartet. Um das zu erreichen, legen die Entwickler Logikkarten an, die zeigen, wie die Information zwischen den verschiedenen Modulen fließt. Mit der Entwicklung eines neuen Smartphones auf der Ebene der Module zu beginnen, hat den großen Vorteil, dass die Ingenieure überprüfen können, ob ihre Pläne Aussicht auf Erfolg haben, ohne sich in den Details der Einzelteile zu verzetteln. Das erspart ihnen, am Anfang zu viele Gedanken auf die Riesenzahl von Transistoren, Kondensatoren, Widerständen und zahllosen anderen elektronischen Bauteile zu verschwenden, aus denen jedes Modul besteht.

Diese Sichtweise trägt auch wesentlich zum Verständnis von Zellen bei. Wenn wir in der Lage sind, die verschiedenen Module der Zelle zu erklären und zu erkennen, wie die Zellen sie bei der Informationsverarbeitung miteinander verknüpfen, müssen wir nicht unbedingt in allen Einzelheiten wissen, wie die winzigen molekularen Komponenten jedes Moduls arbeiten. Das übergeordnete Ziel muss sein, die *Bedeutung* zu begreifen und nicht einfach Komplexität zu *katalogisieren*. Ich könnte Ihnen beispielsweise eine Liste mit all den verschiedenen in diesem Buch abgedruckten Wörtern liefern und dazu angeben, wie häufig jedes vorkommt. Dieser Katalog wäre wie eine Stückliste ohne Bedienungsanleitung. Er würde einen Eindruck von der Komplexität des Textes vermitteln, aber fast die ganze Bedeutung ginge verloren. Um die Bedeutung zu erfassen, müssen Sie die Wörter in der richtigen Reihenfolge lesen und in Erfahrung bringen, wie sie Information auf höheren Ebenen vermitteln – in Form von Sätzen, Paragraphen und Kapiteln. In ihrem Zusammenwirken erzählen diese dann Geschichten, erstellen Berichte, verbinden Ideen und liefern Erklärungen. Genau dasselbe trifft zu, wenn ein Biologe alle Gene, Proteine oder Lipide in einer Zelle katalogisiert. Das ist ein wichtiger Ausgangspunkt, aber im Grunde geht es uns um die Frage, wie diese Teile zusammenwirken und die Module bilden, die die Zelle am Leben erhalten und zur Reproduktion befähigen.

Analogien aus Elektronik und Computerwissenschaft, wie das eben benutzte Smartphone-Beispiel, können das Verständnis von Zellen und Organismen erleichtern, aber wir müssen dabei vorsichtig sein. Die informationsverarbeitenden Module, die Lebewesen verwenden, und diejenigen, die in künstlichen elektronischen Schaltkreisen genutzt werden, sind in mancher Hinsicht sehr verschieden voneinander. Computerhardware ist im Allgemeinen statisch und starr. Die »Verdrahtung« von Zellen und Organismen dagegen ist fließend und dynamisch, weil sie mit biochemischen Stoffen arbeitet, die in der Lage sind, mithilfe von Wasser in die Zellen zu gelangen und sich zwischen verschiedenen Zellkompartimenten oder Zellen hin- und herzubewegen. Bauteile können in einer Zelle leichter neu verknüpft, umgesetzt oder umfunktioniert werden; im Prinzip kann das ganze System »neu verdrahtet« werden. Relativ rasch stoßen die durchaus hilfreichen Hardware- und Software-Metaphern an ihre Grenzen. Deshalb prägte der Systembiologe Dennis Bray den treffenden Begriff »Wetware« für das flexiblere datenverarbeitende Material des Lebens. Zellen verknüpfen ihre verschiedenen Komponenten durch Nasschemie miteinander.

Das gilt auch für das Gehirn, diesen hochkomplexen biologischen Urcomputer. Während Ihrer gesamten Lebensdauer sind die Nervenzellen damit beschäftigt, zu wachsen, zu schrumpfen, Verbindungen zu anderen Nervenzellen herzustellen und zu kappen.

Ein komplexes System kann sich nur dann als zweckmäßiges Ganzes verhalten, wenn es über eine effiziente Kommunikation zwischen den verschiedenen Komponenten des Systems und mit der äußeren Umgebung verfügt. In der Biologie bezeichnen wir die Module, die für diese Kommunikation sorgen, als Signalwege. Hormone, die in Ihre Blutbahn ausgeschüttet werden – wie das Insulin, das ihren Blutzucker reguliert –, sind ein Beispiel für einen solchen Signalweg, aber es gibt noch viele andere. Signalwege übermitteln Informationen innerhalb von Zellen, zwischen Zellen, zwischen Organen, zwischen Organismen, zwischen Populationen von Organismen und sogar zwischen verschiedenen Arten über ganze Ökosysteme hinweg.

Die Art, wie Signalwege Informationen übertragen, kann so angepasst werden, dass die Ergebnisse ganz unterschiedlich ausfallen. Manchmal senden sie Signale aus, die, wie Lichtschalter, bestimmte Outputs an- oder abstellen, doch sie können auch differenzierter wirken. Beispielsweise führt in einigen Situationen ein schwaches Signal zu einem bestimmten Resultat, ein stärkeres dagegen zu einem anderen. Entsprechend können Sie mit einem Flüstern die Aufmerksamkeit Ihres unmittelbaren Nachbarn erregen, doch um einen ganzen Raum in einer Gefahrensituation zu evakuieren, bedarf es eines lauten Rufes. Zellen können sich das dynamische Verhalten von Signalwegen auch zunutze machen, um einen weit bedeutungshaltigeren Informationsfluss zu übermitteln. Sogar wenn das Signal selbst nur »an« oder »aus« kennt, lässt sich mehr Information übertragen, indem man die Verweildauer in den beiden Zuständen variiert. Ein guter Vergleich ist das Morsealphabet. Durch einfache Veränderung der Dauer und der Reihenfolge der Signale, der »Punkte« und »Striche« des Morsealphabets, lassen sich Informationsströme übermitteln, die von Bedeutung überfließen, sei es ein SOS-Ruf oder der Text von Darwins *Entstehung der Arten*. Entsprechende biologische Signalwege können informationshaltige Mitteilungen erzeugen, die mehr Bedeutung haben als Signalsequenzen, deren Botschaft sich auf ein bloßes »Ja/Nein« oder »An/Aus« beschränkt.

Neben der Signalgebung durch den Raum brauchen Zellen auch Wege, um ihre Signale durch die Zeit zu schicken. Dazu müssen biologische Systeme in der Lage sein, Information zu speichern. Daraus folgt, dass Zellen chemische Spuren ihrer früheren Erfahrungen in sich tragen, die wir uns ein bisschen so vorstellen können wie die Erinnerungen, die unser Gehirn speichert. Diese zellulären Erinnerungen weisen eine große Bandbreite auf, von flüchtigen Eindrücken dessen, was einen Moment vorher geschehen ist, bis zu den extrem dauerhaften und stabilen Erinnerungen in der DNA. Die Zelle verwendet während des Zellzyklus kurzlebige historische Informationen, wenn der Status von Ereignissen, die zu einem früheren Zeitpunkt im Zyklus stattfinden, »erinnert« und an spätere Ereignisse im Zyklus signalisiert wird. Ist beispielsweise die Kopie der DNA noch nicht abgeschlossen oder fehlgeschlagen, muss dieser Umstand registriert und an die für die Zellteilung verantwortlichen Mechanismen übermittelt werden. Wenn nicht, könnte die Zelle versuchen, sich zu teilen, bevor ihr Genom vollständig und richtig kopiert worden ist, was zu einem Verlust genetischer Information und dem Tod der Zelle führen könnte.

Die Prozesse, die an der Genregulierung beteiligt sind, ermöglichen Zellen, Informationen länger zu speichern. Mitte des 20. Jahrhunderts erregte das das besondere Interesse des britischen Biologen Conrad Waddington. Ich lernte Waddington an der Edinburgh University kennen, als ich 1974 meine postdoktorale Forschung begann. Er war eine beeindruckende Persönlichkeit mit breit gefächertem Interesse an Malerei, Literatur und linker Politik, aber bekannt ist er vor allem, weil er das Wort *Epigenetik* prägte. Damit bezeichnete er den Vorgang, dass Zellen während der embryonalen Entwicklung immer spezialisiertere Funktionen übernehmen. Sobald der wachsende Embryo den Zellen diese Rollen zuweist, erinnern sie sich an die Information und kommen nur selten vom Kurs ab. Wenn also eine Zelle einmal zum Bau der Niere eingeteilt ist, bleibt sie immer ein Teil der Niere.

Heute verwenden die meisten Biologen das Wort Epigenetik in Waddingtons Sinn. Gemeint ist damit die Gruppe chemischer Reaktionen, mit deren Hilfe Zellen weitgehend dauerhaft an- oder abgeschaltet werden. Diese epigenetischen Prozesse nehmen keine Veränderungen an der DNA-Sequenz der Gene selbst vor, sondern heften nur chemische »Marker« an die DNA oder an Proteine, die an dieser DNA binden. Dadurch entstehen Genaktivitätsmuster, die – über viele Zellteilungen hinweg – die gesamte Lebensspanne der Zelle überdauern können und manchmal sogar noch länger erhalten bleiben. Gelegentlich, wenn auch weit weniger häufig, schaffen sie sogar den Sprung von einer Generation zur nächsten und übertragen damit möglicherweise Information über die Lebensgeschichte und Erfahrung eines einzelnen Organismus direkt – in chemischer Form – von Eltern auf ihre Nachkommen und folgende Generationen. Nach Meinung einiger Forscher stellt die generationsübergreifende Fortdauer dieser Genexpressionsmuster die Vorstellung, Vererbung beruhe ausschließlich auf den in den Genen verschlüsselten DNA-Sequenzen, ernsthaft infrage. Allerdings lassen die vorliegenden Daten darauf schließen, dass generationsübergreifende epigenetische Vererbung nur in einigen wenigen Fällen vorkommt und dass sie bei Menschen und anderen Säugetieren äußerst selten zu sein scheint.

Von der Genregulation abgesehen ist die Informationsverarbeitung auch dafür verantwortlich, wie Lebewesen geordnete Strukturen im Raum schaffen. Kommen wir noch einmal auf meinen Zitronenfalter zurück. Er besitzt einen wunderbar komplexen Körperbau: Die Flügel haben eine sorgsam ausgestaltete Form, die ideal zum Fliegen ist; die Flecken und Adern auf diesen Flügeln sind ganz exakt platziert. Außerdem folgt der Körperbau jedes einzelnen Zitronenfalters dem gleichen Plan: Alle bestehen sie aus Kopf, Bruststück, Hinterleib, sechs Beinen und zwei Fühlern. Ausnahmslos wachsen und entfalten sich diese Strukturen in den gleichen vorhersagbaren Größenverhältnissen zum Rest des Körpers. Wie werden diese ungewöhnlichen räumlichen Strukturen erzeugt? Wie entstehen sie alle aus einer einzigen undifferenzierten Eizelle?

Selbst Zellen können eine Vielzahl sehr elaborierter Strukturen und Formen annehmen, die sich erheblich von den regelmäßigen, schachtelartigen Korkzellen unterscheiden, die Robert Hooke im 17. Jahrhundert beschrieb und die ich als Schüler in Zwiebelwurzeln beobachtete – da gibt es die kammartigen Flimmerhärchen auf Lungenzellen, die Schleim und Krankheitserreger aus Ihren Lungen herausbefördern, die würfelförmigen Zellen, die in Ihren Knochen leben und Knochengewebe herstellen, die Neuronen, deren lange, verzweigte Fortsätze sich in alle Teile Ihres Körper erstrecken, und noch viele andere. Innerhalb dieser Zellen sind die Organellen exakt angeordnet. Wenn die Zelle sich verändert, entwickeln sie sich und passen ihre Position an.

Wie sich diese räumliche Ordnung entfaltet, ist eine der schwierigen Fragen in der Biologie. Befriedigende Antworten werden davon abhängen, ob wir herausfinden, wie Information durch Raum und Zeit übermittelt wird. Gegenwärtig beschränkt sich unser Verständnis eigentlich nur auf die Struktur biologischer Objekte, die direkt aus Molekülen zusammengesetzt sind. Das Ribosom ist ein schönes Beispiel. Die Form dieser relativ kleinen Objekte wird von den chemischen Bindungen bestimmt, die sich zwischen ihren molekularen Bestandteilen bilden. Diese Strukturen sehen ein bisschen so aus, als hätte jemand Teile eines dreidimensionalen Puzzles aus Legosteinen zusammengesetzt. Daraus folgt, dass die Informationen, die für den Zusammenbau dieser Strukturen erforderlich sind, in der Form der Ribosomenkomponenten selbst enthalten sind – in den Proteinen und RNA-Molekülen. Und diese Formen sind letztlich exakt durch die Informationen in den Genen festgelegt.

Wie Strukturen in größerem Maßstab entstehen – in Objekten wie Organellen, Zellen, Organen und Organismen –, ist ein schwierigeres Problem. Direkte molekulare

Wechselwirkungen zwischen Komponenten können nicht erklären, wie sich diese Strukturen bilden. Das liegt zum Teil daran, dass sie größer, manchmal viel größer, sind als Objekte wie Ribosomen. Aber es liegt auch daran, dass sie vollkommene Strukturen höchst unterschiedlicher Größe herstellen und aufrechterhalten können, selbst wenn Zellen oder Körper wachsen oder schrumpfen. Das ist mit festgelegten, Lego-artigen Wechselwirkungen nicht möglich. Betrachten wir beispielsweise die Teilung einer Zelle. Eine Zelle hat eine gut organisierte Gesamtstruktur. Wenn die Zelle sich teilt, bringt sie zwei Zellen von etwa der halben Größe hervor, und doch hat jede die gleiche Gesamtstruktur wie die »Mutterzelle«.

Ein ähnliches Phänomen zeigt sich bei der Entwicklung eines Embryos, etwa beim Seeigel. Ein befruchtetes Seeigel-Ei erlebt wiederholte Zellteilungen und erzeugt einen komplexen, sehr hübschen kleinen Organismus. Wenn die beiden Zellen, die sich nach der allerersten Teilung gebildet haben, getrennt werden, bringt jede Zelle zwei vollkommen ausgebildete Seeigel hervor, aber erstaunlicherweise wird jeder der beiden nur halb so groß wie ein normaler Seeigel dieses Alters. Diese Selbstregulierung von Größe und Form ist höchst ungewöhnlich und hat die Biologen mehr als ein Jahrhundert lang vor ein Rätsel gestellt.

Doch dank ihrer Erkenntnisse auf dem Gebiet der Informationsverarbeitung beginnen die Biologen allmählich zu verstehen, wie diese Organismen zu ihrer Gestalt kommen. Unter anderem erzeugen Embryonen die Information, die sie brauchen, um eine undifferenzierte Zelle oder Zellgruppe in einen hochstrukturierten Organismus zu verwandeln, indem sie chemische Gradienten herstellen. Wenn man einen kleinen Tropfen Tinte in eine Wasserschüssel fallen lässt, breitet er sich langsam vom ursprünglichen Einschlagsort aus. Die Intensität der Tintenfarbe wird schwächer, je weiter sie sich vom ursprünglichen Tropfen entfernt. Damit haben wir einen Gradienten, der als Informationsquelle verwendet werden kann: Wenn beispielsweise die Konzentration der Tintenmoleküle hoch ist, wissen wir, dass wir dem Punkt der Schale nahe sind, an dem der Tintentropfen hineingefallen ist.

Ersetzen wir jetzt die Schale durch eine Kugel identischer Zellen und injizieren wir an einer Seite der Kugel anstelle der Tinte ein bestimmtes Protein, das die Eigenschaften der Zelle verändern kann. Damit erhalten die Zellen eine räumliche Information, die ihnen ermöglicht, ein Muster zu bilden. Das Protein wird sich in der Zelle verteilen und dabei einen Gradienten erzeugen, das heißt eine hohe Konzentration auf der einen Seite und eine niedrige Konzentration auf der anderen. Wenn die Zellen unterschiedlich auf hohe und niedrige Konzentrationen reagieren, kann der Proteingradient die Information liefern, die erforderlich ist, um einen hochstrukturierten Embryo zu bilden. Wenn beispielsweise eine starke Proteinkonzentration Kopfzellen erzeugte, eine mittlere Konzentration Brustzellen und eine schwache Konzentration Hinterleibszellen, könnte ein einfacher Proteingradient im Prinzip zu den Anfängen eines neuen Zitronenfalters führen. In der Wirklichkeit sind die Dinge gewöhnlich nicht ganz so einfach, aber es gibt gute Belege dafür, dass Gradienten von Signalmolekülen im Körper sich entwickelnder Organismen tatsächlich zur Entstehung differenzierter biologischer Formen beitragen.

Das ist ein Problemkomplex, mit dem sich Alan Turing – der berühmte Entschlüssler des Enigma-Codes und einer der Väter der modernen Computerwissenschaft – Anfang der 1950er Jahre zu beschäftigen begann. Er schlug eine andere, höchst einfallsreiche Hypothese vor, um zu erklären, wie Embryonen räumliche Informationen aus sich selbst entwickeln könnten. Mit einer Reihe von mathematischen Gleichungen sagte er das Verhalten von chemischen Stoffen voraus, die sich in einer Struktur ausbreiten und in bestimmter Weise miteinander reagieren. Überraschenderweise konnten seine Gleichungen, die er Reaktions-Diffusions-Modelle nannte, chemische Stoffe zu kunstvollen und häufig sehr schönen räumlichen Mustern anordnen. Bei entsprechenden Veränderungen der Parameter seiner Gleichungen organisierten sich die beiden Substanzen beispielsweise zu gleichmäßig angeordneten Punkten, Streifen oder Flecken. Der Vorteil von Turings Modell liegt darin, dass die Muster spontan nach relativ einfachen Regeln der Wechselwirkung zwischen zwei Substanzen entstehen. Mit anderen Worten, das könnte für Zellen oder Organismen, die in der Entwicklung begriffen sind, eine Möglichkeit sein, die Information, die sie brauchen, um ihre Gestalt zu entwickeln, vollkommen aus sich selbst zu gewinnen; sie sind selbstorganisierend. Turing starb, bevor seine Theorie an realen Embryos überprüft werden konnte, aber heute sind Entwicklungsbiologen der Ansicht, dieser Mechanismus sei verantwortlich für die Flecken auf dem Rücken des Geparden, für die Streifen auf vielen Fischen, für die Verteilung der Haarfollikel auf Ihrem Kopf und sogar für die Unterteilung der Hand in fünf separate Finger während der Entwicklung des menschlichen Babys.

Wenn wir das Leben unter dem Gesichtspunkt der Information betrachten, müssen wir uns vor Augen halten, dass biologische Systeme sich allmählich im Laufe von vielen Millionen Jahren entwickelt haben. Wie gesehen, ergeben sich die Innovationen des Lebens aus zufälligen genetischen Mutationen und Variationen. Die werden dann von der natürlichen Selektion gesiebt, wobei diejenigen, die sich gut bewähren, in die überlebenden, erfolgreicheren Organismen übernommen werden. Mit anderen Worten, die existierenden Systeme werden durch die allmählich wachsende Zahl von Erweiterungen fortlaufend verändert. Das entspricht in gewisser Weise den Handys oder Computern, die ebenfalls darauf angewiesen sind, dass häufig neue Software-Updates heruntergeladen und installiert werden. Die Geräte bekommen neue Funktionen, aber auch die Software, die sie steuert, wird ständig komplizierter. Gleiches gilt für das Leben: Alle diese genetischen »Updates« bewirken, dass das System der Zelle allmählich immer komplizierter wird. Das kann zu Redundanz führen: Einige Komponenten haben einander überschneidende Funktionen, andere sind Relikte ersetzter Teile und wieder andere sind völlig überflüssig bei normalem Ablauf, könnten aber einspringen, wenn die primäre Komponente ausfällt.

Das alles hat zur Folge, dass lebende Systeme häufig weniger effizient und rational angelegt sind als Steuerkreise, die von Menschen konstruiert wurden, ein weiterer Grund dafür, dass Vergleiche zwischen Biologie und

Computertechnik ihre Grenzen haben. Dazu meinte Sydney Brenner: »Mathematik ist die Kunst des Vollkommenen. Physik ist die Kunst des Optimalen. Biologie ist, infolge der Evolution, die Kunst des Zufriedenstellenden.« Die Lebensformen, die die natürliche Selektion überleben, überdauern, weil sie *funktionieren*, aber nicht unbedingt, weil sie ihre Aufgabe besonders effizient oder besonders einfach erfüllen. Diese Komplexität und Redundanz erschwert die Analyse biologischer Signalnetze und Informationsflüsse. Sehr häufig lässt sich das Prinzip von Ockhams Rasiermesser – die Suche nach der einfachsten Möglichkeit, ein Phänomen zu erklären – beim besten Willen nicht anwenden. Das schreckt manchen Physiker ab, der sich mit der Biologie beschäftigt. Physiker fühlen sich in der Regel zu eleganten, einfachen Lösungen hingezogen und können mit der chaotischen, nicht ganz vollkommenen Realität lebender Systeme wenig anfangen.

Meine Arbeitsgruppe hatte häufig mit den durch die natürliche Selektion verursachten Redundanzen und Komplikationen zu kämpfen, weil diese die Grundprinzipien, die die Arbeitsweise biologischer Prozesse bestimmen, verschleiern können. Um dieses Problem zu umgehen, haben wir Hefezellen gentechnisch so verändert, dass sie einen sehr vereinfachten Schaltkreis für die Kontrolle des Zellzyklus herstellten. Es war etwa so, als würde man bei einem Auto alle Teile entfernen, die für seine Kernfunktion nicht unbedingt erforderlich sind – Karosserie, Scheinwerfer, Sitze –, und nur die wesentlichen Komponenten übrig lassen – Motor, Getriebe, Räder. Das klappte besser, als ich gehofft hatte. Unsere vereinfachten Zellen führten noch alle wichtigen Funktionen der Zellzyklus-kontrolle aus. Die Reduzierung eines komplexen Mechanismus auf seine Grundelemente erleichterte es uns, den Informationsfluss zu analysieren und damit neue Erkenntnisse über das Kontrollsystem des Zellzyklus zu gewinnen.

Zur ausgewählten Gruppe der in diesem Experiment betrachteten Zellzyklusregulatoren gehörte das *cdc2*-Gen. Während eine Hefezelle den Zellzyklus durchläuft, wächst die Zelle unaufhörlich, und auch die Menge des CDK-Proteinkomplexes, der Cdc2 und Cyclin enthält, nimmt zu. Informationstheoretisch betrachtet, nutzt die Zelle die Menge des aktiven CDK-Komplexes sowohl als Input, der Information über die Größe der Zelle übermittelt, als auch als das entscheidende Signal, das die Hauptereignisse des Zellzyklus auslöst. Proteine, die zu einem frühen Zeitpunkt des Zellzyklus eine Rolle spielen, werden von dem CDK-Komplex früh phosphoryliert, was zum Kopieren der DNA während der S-Phase führt, und die erst danach gebrauchten Proteine werden später phosphoryliert, woraufhin die Mitose und Zellteilung am Ende des Zyklus stattfinden. Die »frühen« Proteine sind empfänglicher für die Enzymaktivität des CDK als die »späten« Enzyme, daher werden sie phosphoryliert, wenn die CDK-Aktivität in der Zelle geringer ist.

Das vereinfachte Modell der Zellzykluskontrolle weist die CDK-Aktivität als entscheidende Schaltstelle für die Koordinierung dieser Kontrolle aus. Der Grund, warum wir diese Erklärung übersehen hatten, war die oberflächliche Komplexität des Netzes, die redundanten Funktionen verschiedener Komponenten, das Vorhandensein weniger wichtiger Kontrollmechanismen und vielleicht auch die Neigung des menschlichen Verstandes, sich in Komplexität zu verbeißen, statt nach Einfachheit zu suchen.

Im vorliegenden Kapitel habe ich mich bisher überwiegend mit Zellen beschäftigt, weil sie die Grundeinheiten des Lebens sind, doch die Bedeutung des Informationsbegriffs für das Leben geht weit über die Zelle hinaus. Wir können auf allen Gebieten der Biologie wertvolle neue Erkenntnisse gewinnen, wenn wir uns mit der Frage beschäftigen, wie molekulare Wechselwirkungen, Enzymaktivitäten und physikalische Mechanismen Information produzieren, übertragen, empfangen, speichern und verarbeiten. In dem Maße, wie dieser Ansatz an Bedeutung gewinnt, könnte sich die Biologie aus der eher alltäglichen und vertrauten Welt entfernen, in der sie bisher angesiedelt war, und sich abstrakteren Dingen zuwenden. Das könnte ähnlich große Verschiebungen bewirken wie in der Physik – von Isaac Newtons überwiegend alltäglicher Welt zu den Entwicklungen in der ersten Hälfte des 20. Jahrhunderts: Einsteins Universum, das von der Relativitätstheorie beherrscht wird, und die »Quantenseltsamkeit«, die von Werner Heisenberg und Erwin Schrödinger entdeckt wurde. Es könnte sein, dass die Komplexität der Biologie zu seltsamen und kontraintuitiven Erklärungen führt und dass Biologen zur Lösung dieser Rätsel noch mehr Unterstützung von Wissenschaftlern aus anderen Disziplinen brauchen werden – etwa von Mathematikern, Computerwissenschaftlern, Physikern und sogar von Philosophen, die mehr Übung im abstrakten Denken haben und weniger auf die alltägliche Erfahrung in der vertrauten Welt ausgerichtet sind.

Wenn wir das Leben stärker aus dem Blickwinkel der Information betrachten, werden wir die höheren Ebenen biologischer Organisation besser verstehen. Diese Perspektive kann zeigen, wie Zellen bei der Herstellung von Geweben interagieren und wie Organe zusammenarbeiten, um einen funktionsfähigen lebenden Organismus wie zum Beispiel einen Menschen zu bilden. Dasselbe gilt sogar im größeren Maßstab, wenn wir uns ansehen, wie lebende Organismen miteinander interagieren, sowohl innerhalb einer Art als auch zwischen Arten, und wie Ökosysteme und die Biosphäre funktionieren. Der Umstand, dass Informationsverarbeitung auf allen Größenskalen stattfindet, von der molekularen Welt bis zur planetarischen Biosphäre, wirkt sich entscheidend auf die Theorien aus, mit denen Biologen die Prozesse des Lebens zu erklären versuchen. Häufig ist es am besten, mit den Erklärungen nahe an den untersuchten Phänomenen zu bleiben. Um zu befriedigenden Erklärungen zu gelangen, ist nicht immer eine Reduktion bis hinab zur molekularen Ebene der Gene und Proteine erforderlich.

Doch möglicherweise kann die Art der Informationsverarbeitung auf einer Ebene Aufschluss darüber geben, wie die Abläufe in einem System sind, das entweder größer oder kleiner ist. Beispielsweise wird die Logik, die der Kontrolle der Stoffwechselenzyme, der Genregulierung oder der Aufrechterhaltung der Körperhomöostase zugrunde liegt, den Feedbackmodulen ähneln, dank derer Ökologen besser vorhersagen können, wie natürliche Umwelten sich wahrscheinlich verändern werden, wenn bestimmte Arten infolge von Klimaveränderung oder Habitatzerstörung aussterben oder aus ihren traditionellen Lebensräumen auswandern.

Angesichts meines Interesses für Käfer, Schmetterlinge und Insekten im Allgemeinen, erfüllt mich der dramatische Rückgang der Zahl und der Vielfalt von Insekten in vielen Weltregionen zunehmend mit Sorge. Besonders bedrückend ist die Tatsache, dass wir nicht wissen, warum es sich so verhält. Liegt es an Habitatzerstörung, Klimawandel, landwirtschaftlichen Monokulturen, Lichtverschmutzung, dem übermäßigen Einsatz von Insektiziden oder etwas anderem? Es werden viele Erklärungen vorgeschlagen, und einige Forscher glauben felsenfest an ihre jeweiligen Theorien, doch in Wahrheit wissen wir es nicht wirklich. Wenn wir irgendetwas tun wollen, um den Rückgang der Insektenpopulationen rückgängig zu machen, müssen wir die Wechselwirkungen zwischen ihnen und dem Rest ihrer Lebensräume verstehen. Dabei werden uns die Forschungen vieler Wissenschaftler helfen, die gemeinsam versuchen, diesen Problemen unter dem Blickwinkel der Information beizukommen.

Gleich, welche Ebene biologischer Forschung wir betrachten, immer wird der Versuch, unser Verständnis zu vertiefen, von unserer Fähigkeit abhängen, die Informationsverarbeitung im Inneren der beteiligten Organismen zu begreifen. Auf diese Weise gehen wir von der *Komplexitätsbeschreibung* zum *Komplexitätsverständnis* über. Sobald wir dazu in der Lage sind, können wir erkennen, wie flatternde Schmetterlinge, zuckerverarbeitende Bakterien, sich entwickelnde Embryos und alle anderen Lebensformen den entscheidenden Schritt tun: die Umwandlung von Information in praktisches Wissen, das ihnen hilft, ihren eigentlichen Zweck zu erfüllen: zu überleben, zu wachsen, sich fortzupflanzen und sich weiterzuentwickeln.

Aus unserem fortschreitenden Verständnis der chemischen und informationellen Grundlagen des Lebens erwächst die zunehmende Fähigkeit, das Leben nicht nur zu verstehen, sondern auch in die Lebensfunktionen einzugreifen. Bevor ich also die Einsichten anwende, die wir beim Erklimmen der fünf zur Definition des Lebens führenden Stufen gewonnen haben, möchte ich überlegen, wie wir unser biologisches Wissen nutzen können, um die Welt zu verändern.

Die Welt verändern

2012 sollte ich zur Forschungsstation Scott Base in der Antarktis reisen. Schon immer hatte ich die schier endlose Eiswüste der Südpolarregion besuchen wollen – buchstäblich am Ende der Welt. Jetzt endlich bot sich mir die Möglichkeit. Vor der Reise musste ich mich einem medizinischen Routinecheck unterziehen, doch die Ergebnisse hatten nichts mit Routine zu tun. Zum ersten Mal im Leben sah ich mich direkt mit meiner Sterblichkeit konfrontiert.

Ich litt unter einer ernsthaften Herzerkrankung. Keine zwei Wochen nach dieser wenig angenehmen Offenbarung lag ich unter Narkose auf einem Operationstisch. Der Chirurg öffnete meinen Brustkorb und fand die schadhaften Blutgefäße, die die Muskeln meines Herzens nicht mehr ausreichend mit Blut versorgten. Dann entnahm er vier kurze Stücke einer Arterie aus meiner Brust und aus einer Beinvene und setzte sie so in mein Herz ein, dass das Blut den Problembereich umfließen konnte. Einige Stunden später wachte ich zerschlagen und erschöpft, aber mit einem reparierten Herzen auf.

Diese Operation rettete mir das Leben. Neben dem Können und Engagement des medizinischen Personals, das mich behandelte, verdankte ich dieses Ergebnis unserem Verständnis dessen, was Leben ist. Jeder Schritt wurde von der Kenntnis des menschlichen Körpers und seiner Gewebe, der Zellen und der körpereigenen Chemie gelenkt. Der Anästhesist war sich sicher, dass die Medikamente, die er mir einflößte, mein Gehirn in eine umkehrbare Bewusstlosigkeit versetzen würden. In mein Herz wurde eine Lösung eingeleitet, die es einige Stunden zum Stillstand brachte. Sie enthielt eine Kaliumkonzentration, die, wie die Ärzte wussten, gerade hoch genug war, um meinen Herzmuskel zu entspannen. Eine Maschine übernahm die Funktion von Herz und Lunge und versorgte mein Blut ausreichend und in der richtigen Frequenz mit Sauerstoff. Während und nach der Operation erhielt ich Antibiotika, um alle Krankheitskeime in Schach zu halten. Ohne diese geballten Erkenntnisse über das Leben, wäre es gut möglich gewesen, dass ich diese Zeilen heute nicht hätte schreiben können.

Je mehr wir über das Leben lernten, desto größer wurden unsere Möglichkeiten, auf Lebewesen einzuwirken und sie zu verändern. Doch wir müssen diese Möglichkeiten behutsam nutzen. Lebende Systeme sind kompliziert; wenn wir also Eingriffe vornehmen, bevor wir sie gut genug verstehen, werden wir Fehler begehen und unter Umständen mehr Probleme verursachen als lösen.

Im Laufe der Geschichte sind die meisten Menschen nicht an Altersschwäche gestorben, sondern an Infektionskrankheiten. Die Angriffe von Bakterien, Viren, Pilzen, Würmern und eine Vielzahl anderer Parasiten und Seuchen haben zahllose Leben gekostet, viele davon noch vor Beendigung des Säuglingsalters. Der Beulenpest, die im 14. Jahrhundert auf dem ganzen Globus wütete, fiel fast die Hälfte aller Europäer zum Opfer. Während des größten Teils der Menschheitsgeschichte war der Tod ein fester Bestandteil des Alltags.

Heute gilt das nicht mehr in diesem Maße. Wo Impfstoffe, sanitäre Einrichtungen und Antibiotika verfügbar sind, sind wir in der Lage, die meisten der einst tödlichen Infektionskrankheiten zu verhindern, zu behandeln oder zu kontrollieren. Sogar AIDS, das einst als die nächste große Seuche bezeichnet wurde, kann heute, bei richtiger Medikation, als stabiles chronisches Leiden behandelt werden. Nach Jahrtausenden, in denen die Heilkunst sich im Wesentlichen auf Aberglauben, Mutmaßungen und eine Menge unbewiesener und häufig gefährlicher Behandlungsmethoden stützte, ist dieser Übergang eine wahrhaft wunderbare Veränderung. Sie ist allein unserem Wissen über das Leben zu verdanken, von der Wissenschaft zusammengetragen und dann auf die Welt angewandt.

Allerdings liegt beim Kampf gegen die uralte Geißel der Infektionskrankheiten noch ein langer Weg vor uns. Während ich dies im Frühjahr 2020 schreibe, verbreitet die Corona-Pandemie auf dem ganzen Erdball Aufruhr und Schrecken. Wie COVID-19, die Krankheit, die durch das Coronavirus SARS-CoV-2 verursacht wird, können auch viele andere Vireninfektionen lähmende oder fatale Konsequenzen haben. Und obwohl die Ebola-Epidemie, die 2014/15 in Westafrika wütete, zu einer bewundernswert raschen Entwicklung von wirksamen Impfstoffen führte, können solche Interventionen nur dann Hilfe bringen, wenn sie die Menschen, die sie brauchen, rechtzeitig erreichen. In reichen wie in armen Ländern haben zu viele

Bevölkerungsgruppen noch immer keinen Zugang zu bewährten Behandlungsmethoden. Erstaunlicherweise haben Politiker in einigen entwickelten Ländern den Rat von Wissenschaftlern und Fachleuten in den Wind geschlagen und die Vorkehrungen zum wirksamen Schutz vor solchen Epidemien und Pandemien verringert. Dieses Fehlverhalten hat bereits zu schwerwiegenden Konsequenzen geführt. Solche Versäumnisse wettzumachen, sollte ein dringendes Anliegen der Menschheit sein.

Wer das Glück hat, in einer Gesellschaft mit guter Gesundheitsfürsorge zu leben, sollte den Schutz schätzen, den sie uns gewährt. Es ist ein Kennzeichen zivilisierter Gesellschaften, dass eine medizinische Versorgung wie meine Herzoperation, für die der britische National Health Service aufkam, unabhängig von der Zahlungsfähigkeit des Patienten am Leistungsort kostenlos ist. Gesundheitssysteme, die auf Lohnabzügen beruhen, bestrafen die, die am wenigsten verdienen, und risikobasierte Versicherungssysteme bestrafen die, die die Hilfe am nötigsten brauchen. Und dann gibt es noch die Leute, die ohne ausreichende Beweise mutwillig die Sicherheit und Wirksamkeit von Impfstoffen bestreiten. Sie sollten sich klarmachen, dass die Ablehnung bewährter, klinisch getesteter Impfstoffe moralisch höchst fragwürdig ist. Dadurch gefährden sie nicht nur ihre eigene Sicherheit und die ihrer Familien, sondern auch die vieler anderer Menschen in ihrem Umfeld, weil sie die Herdenimmunität unterbrechen und der Verbreitung von Infektionskrankheiten Vorschub leisten.

Den Kampf gegen Infektionskrankheiten werden wir jedoch nie endgültig gewinnen. Das liegt an der Evolution durch natürliche Selektion. Da die meisten Bakterien und Viren sich sehr rasch reproduzieren, können sich ihre Gene auch rasch anpassen. Das heißt, jeden Augenblick können neue Stämme der Krankheitserreger entstehen. Ständig entwickeln sie einfallsreiche neue Strategien, um unsere Immunsysteme und Medikamente zu unterlaufen oder auszutricksen. Deshalb stellt der Anstieg der Antibiotikaresistenz eine solche Gefahr dar. Das ist die natürliche Selektion in Aktion, und sie findet – mit alarmierenden Konsequenzen – vor unseren Augen statt. Wenn wir Bakterien Antibiotika aussetzen, ohne sie wirklich abzutöten, erhöht sich die Wahrscheinlichkeit, dass sie gegen die Medikamente resistent werden. Daher ist es so wichtig, die Antibiotika richtig zu dosieren, sie nur dann zu nehmen, wenn sie wirklich erforderlich sind, und die Behandlung zum vorgeschriebenen Zeitpunkt zu beenden. Wenn Sie sich nicht daran halten, setzen Sie nicht nur Ihre eigene Gesundheit aufs Spiel, sondern auch die anderer Menschen. Genauso gefährlich sind die Tierhaltungsbetriebe, die Antibiotika dem Futter beimischen, um das Wachstum der Tiere anzuregen.

Gegenwärtig beobachten wir die Entstehung von Bakterienstämmen, die gegen jede unserer Maßnahmen resistent sind; die Krankheiten, die sie verursachen, werden unbehandelbar. Resistente Bakterien wie diese könnten die Medizin um Jahre zurückwerfen und Millionen Menschenleben in Gefahr bringen. Stellen Sie sich vor, Sie lebten mit Ihrer Familie in einer Welt, in der man an einer tödlichen Infektion stirbt, weil man sich am Dorn einer Rose die Haut aufreißt, einen winzigen Biss von einem Hund erhält oder einfach ein Krankenhaus aufsucht. Doch wir dürfen diese Gefahr nicht fatalistisch hinnehmen. Ein Problem zu erkennen, ist der erste Schritt zu seiner Lösung. Wir können und müssen die Antibiotika, die wir haben, sorgfältiger einsetzen. Wir sind auch in der Lage, bessere Methoden zur Entdeckung und Nachverfolgung von arzneimittelresistenten Infektionen zu finden. Und wir müssen wirksame neue Antibiotika entwickeln und dafür sorgen, dass die Forscher, die daran arbeiten, hinreichend unterstützt werden. Wir müssen unser ganzes Wissen über das Leben mobilisieren, um dieses Problem zu lösen – unsere Zukunft könnte davon abhängen.

In dem Maße, wie die Gesundheitsfürsorge sich verbesserte und die Gefährdung durch Infektionskrankheiten allmählich gebannt wurde, stieg die durchschnittliche Lebenserwartung stetig an. Doch seitdem die Menschen länger leben, sehen sie sich mit einer Vielzahl nicht übertragbarer Krankheiten konfrontiert – Herzkrankheiten, Diabetes, diverse psychische Störungen und Krebs. Deren Hauptursachen sind Alter und ungesunde Lebensweise. Sie sind weltweit auf dem Vormarsch und bedeuten eine große Herausforderung für die Erkrankten und die Wissenschaftler, die sie verstehen und behandeln wollen.

Nehmen wir den Krebs – in Wahrheit handelt es sich nicht um eine, sondern um viele Krankheiten. Jeder Krebs ist anders, und jeder Fall verändert sich mit der Zeit, so dass ein fortgeschrittener Krebs manchmal einem eigenständigen Ökosystem mit vielen verschiedenen Krebszelltypen ähnelt, deren jeder unterschiedliche Genmutationen enthält. Noch einmal: Das ist das Werk der Evolution durch natürliche Selektion. Krebserkrankungen beginnen, wenn in Zellen neue genetische Veränderungen und Mutationen auftreten, die dazu führen, dass die Zellen unkontrolliert wachsen und sich teilen. Sie entwickeln sich so gut, weil sie einen selektiven Vorteil besitzen: Sie können die Ressourcen des Körpers in Beschlag nehmen, stärker wachsen als die nicht mutierten Zellen in ihrer Umgebung und die »Stoppsignale« des Körpers ignorieren.

Einige der aussichtsreichsten neuen Ansätze der Krebstherapie beruhen auf unserem verbesserten Verständnis des Lebens. Beispielsweise sollen die Immuntherapien gegen Krebs das Immunsystem des Körpers darauf trainieren, Krebszellen zu erkennen und zu attackieren. Das ist eine intelligente Methode, weil das Immunsystem extrem genaue Angriffe gegen Krebszellen führen kann, ohne die gesunden Zellen in der Nachbarschaft in Mitleidenschaft zu ziehen. Neue Behandlungsmetoden entwickelten sich auch aus den Forschungsarbeiten, die meine Kollegen und ich zum Zellzyklus der schlichten Hefezellen durchführten. Wirkstoffe, die an menschliche Versionen der für die Kontrolle des Zellzyklus zuständigen CDKs binden, werden jetzt zur Behandlung von Brustkrebspatientinnen eingesetzt. Vor vier Jahrzehnten hatte ich keine Ahnung, dass die Arbeit über Hefezellen eines Tages direkt zu neuen Krebstherapien führen würde. Da die Fähigkeit der Zelle, sich anzupassen und evolutionär weiterzuentwickeln, eine unmittelbare Ursache von Krebs ist, werden wir ihn nie ganz ausrotten können. Doch je gründlicher wir das Leben verstehen, desto besser werden wir in der Lage sein, Krebs früh zu erkennen und wirksamer zu behandeln. Ich gehe zuversichtlich davon aus, dass eine Zeit kommen wird, in der Krebs – anders als heute – keine Angst mehr hervorrufen wird.

Wenn wir Fortschritte in unserem Kampf gegen Krebs und andere nicht ansteckende Krankheiten erzielen wollen, dürfte die Entschlüsselung der Information in unseren Genen ein vielversprechender Weg sein. Als der Welt 2003 die erste DNA-Sequenz des menschlichen Genoms präsentiert wurde, verband sich mit ihr Hoffnung auf eine neue Zukunft der Präventivmedizin. Viele der Beteiligten erwarteten eine Welt, in der die genetischen Risikofaktoren jedes Individuums bei seiner Geburt genau berechnet werden können und sich zudem vorhersagen lässt, wie sich Lebensweise und Ernährung auf diese Risiken auswirken würden. Doch die Verwirklichung dieser Pläne stellt wissenschaftlich wie ethisch eine große Herausforderung dar.

Zum Teil liegt das an der extremen Komplexität des Lebens. Nur wenige menschliche Eigenschaften ähneln den klar erkennbaren Merkmalen der Erbsenpflanzen, die Mendel in seinem Garten gepflanzt hatte. Zu den Krankheiten, die auf ähnliche Weise verursacht werden, durch defekte Versionen einzelner Gene, gehören unter anderem Huntington-Chorea, Mukoviszidose und Hämophilie. Diese Leiden bringen viel Leid und Schmerz über die Patienten und ihre Familien, aber jede von ihnen betrifft nur wenige Menschen. Dagegen werden die meisten häufigen Krankheiten und Störungen – wie Herzleiden, Krebs und Alzheimer – durch mehrere Faktoren ausgelöst. Sie entstehen durch die kombinierten Einflüsse vieler einzelner Gene, die auf komplizierte und schwer vorherzusagende Weise interagieren und mit den

Umwelten zusammenwirken, in denen sie vorkommen. Wir sind dabei, die raffinierten Kausalketten zu entschlüsseln, die unsere Gene mit unserer Umwelt oder Lebensweise verknüpfen, doch alle Fortschritte auf diesem Gebiet sind schwierig und langsam.

Das ist ein Gebiet, für das die Auffassung, Leben sei vor allem Information, besondere Bedeutung erlangt. Die Forschung trägt gegenwärtig in großem Stil Daten in Datenbanken zusammen, von denen einige Gensequenzen, andere Informationen zu Lebensweisen, wieder andere medizinische Daten enthalten, die an Millionen Menschen erhoben wurden. Doch eine sinnvolle Analyse solch riesiger Datenmengen ist schwierig. Die Wechselwirkungen zwischen Genen und Umwelt sind so kompliziert, dass die Forscher, die sie untersuchen, bis an die äußersten Grenzen der gegenwärtig verfügbaren Techniken gehen und auch neue Verfahren wie das Maschinenlernen einbeziehen müssen.

Dennoch ergeben sich nützliche Einsichten. Heute kann man beispielsweise mithilfe des genetischen Profilings erkennen, ob Menschen ein erhöhtes Risiko haben, Herzkrankheiten zu bekommen oder adipös zu werden. Daraus lassen sich individuelle Empfehlungen für bestimmte Lebensweisen und Medikationen ableiten. Doch je besser die Vorhersagen werden, die wir anhand unserer Genome treffen können, desto mehr müssen wir darüber nachdenken, wie wir dieses Wissen nutzen wollen.

Genaue genetische Vorhersagefaktoren für Gesundheitsprobleme stellen Gesundheitssysteme mit persönlichen Krankheitsversicherungen vor erhebliche Probleme. Ohne strenge Kontrolle der Nutzung von Geninformationen könnte es passieren, dass Menschen ohne eigenes Verschulden als unversicherbar eingestuft werden und keine angemessene medizinische Versorgung bekommen oder unerschwinglich hohe Versicherungsbeiträge bezahlen müssen. Bei Gesundheitssystemen, die die medizinische Versorgung am Leistungsort kostenfrei ermöglichen, ergeben sich solche Probleme nicht, da sie mithilfe der Fortschritte in der genetischen Forschung bestimmte Krankheiten leichter vorhersagen, diagnostizieren und behandeln können. Trotzdem ist das Leben mit einem solchen Wissen nicht immer angenehm. Sollte die Genetik einmal so weit sein, dass sie ziemlich genau vorhersagen kann, wann und wie Sie sterben werden, möchten Sie das dann wissen?

Probleme kann es auch mit der Entschlüsselung von genetischen Faktoren geben, die nichtmedizinische Aspekte beeinflussen, wie etwa Intelligenz und Bildungschancen. Je mehr wir über genetische Unterschiede zwischen Individuen, Geschlechtern und Populationen erfahren, desto entschiedener müssen wir dafür sorgen, dass diese Daten nie diskriminierend verwendet werden.

Mit der Fähigkeit, Genome zu lesen, wächst auch die Möglichkeit, sie zu bearbeiten und umzuschreiben. Das Enzym CRISPR-Cas9 ist ein leistungsfähiges Werkzeug, das wie eine molekulare Schere funktioniert. Mit ihm kann man in der DNA sehr exakte Schnitte setzen, um Gensequenzen hinzuzufügen, zu entfernen oder zu verändern. Das bezeichnet man als Gen-Editing oder Genom-Editing. Dieses Editing, diese »Bearbeitung«, konnten Biologen schon um 1980 an einfachen Organismen, wie etwa der Hefe, vornehmen, was einer der Gründe ist, warum ich mit der Spalthefe gearbeitet habe, aber mit CRISPR-Cas9 beschleunigen sich Geschwindigkeit, Genauigkeit und Effizienz des DNA-Editings erheblich. Außerdem lassen sich damit die Gene vieler anderer Arten – auch die des Menschen – leichter bearbeiten.

Im Laufe der Zeit können wir neue Therapien auf der Grundlage von geneditierten Zellen erwarten. Forscher stellen bereits Zellen her, die gegen bestimmte Erreger wie HIV resistent sind, oder verwenden sie zum Angriff auf Krebszellen. Doch zum gegenwärtigen Zeitpunkt wäre es ausgesprochen leichtsinnig, versuchte man, die DNA von menschlichen Embryonen im Frühstadium zu editieren, was zur Folge hätte, dass die genetischen Veränderungen in allen Zellen des betreffenden Individuums und denen seiner gesamten Nachkommenschaft vorhanden wären. Gegenwärtig besteht das Risiko, dass durch genbasierte Therapien unbeabsichtigt auch andere Gene des Genoms verändert werden. Doch selbst wenn nur das Zielgen editiert würde, könnten die genetischen Veränderungen vielleicht noch schwer vorhersehbare und potenziell gefährliche Nebeneffekte hervorrufen. Wir wissen bislang einfach nicht genug, um solche Folgen mit Sicherheit ausschließen zu können. Vielleicht kommt einmal eine Zeit, in der dieses Verfahren als sicher genug eingeschätzt wird, um betroffene Familien von bestimmten genetischen Krankheiten wie Huntington-Chorea oder Mukoviszidose zu befreien. Doch eine Anwendung für eher kosmetische Zwecke, um beispielsweise Menschen mit höherer Intelligenz, großer Schönheit oder besonderen sportlichen Fähigkeiten zu schaffen, ist natürlich eine ganz andere Sache. Dieser Aspekt gehört heute zu den ethisch umstrittensten Themen der Anwendung biologischen Wissens auf menschliches Leben. Mag auch das Gerede über die Herstellung von Designer-Babys gegenwärtig noch heiße Luft sein, so werden sich doch viele werdende Eltern in den kommenden Jahren und Jahrzehnten mit sehr schwierigen Problemen auseinandersetzen müssen, wenn die Forschung immer wirksamere Methoden entwickelt, um genetische Einflüsse vorherzusagen, Gene zu verändern und in die Entwicklung von menschlichen Embryonen und Zellen einzugreifen. Alle diese Probleme müssen Gegenstand eines gesamtgesellschaftlichen Diskurses sein, und er muss heute stattfinden.

Am anderen Ende des Lebens ermöglichen Fortschritte und Entwicklungen der Zellbiologie die Behandlung von degenerativen Erkrankungen. Betrachten wir zum Beispiel die Stammzellen: Das sind Zellen, die der Körper in unreifem Zustand hält, ähnlich den Zellen im frühen Embryo. Die wichtigste Eigenschaft von Stammzellen ist ihre Fähigkeit, sich wiederholt zu teilen und neue Zellen zu produzieren, die dann spezialisiertere Eigenschaften erwerben können. Wachsende Föten und Babys enthalten eine große Zahl von Stammzellen, da sie ständig Bedarf an neuen Zellen haben. Doch Stammzellen bleiben auch in vielen Teilen des erwachsenen Körpers erhalten, lange, nachdem er zu wachsen aufgehört hat. Jeden Tag sterben Millionen Ihrer Körperzellen oder werden abgestoßen. Aus diesem Grund enthalten Ihre Haut, Ihre Muskeln, die Schleimhäute Ihres Darms, die Ränder Ihrer Hornhäute und viele andere Gewebe Ihres Körpers Populationen von Stammzellen.

In jüngerer Zeit ist es Forschern gelungen, Stammzellen zu isolieren, zu kultivieren und sie zu veranlassen, sich zu spezialisierten Zellen zu entwickeln – beispielsweise zu Nerven-, Leber- oder Muskelzellen. Heute ist es sogar möglich, völlig ausgereifte Zellen aus der Haut eines Patienten zu entnehmen und ihre Entwicklungsuhr durch spezielle Verfahren zurückzudrehen, das heißt, sie wieder in Stammzellen zu verwandeln. Das eröffnet die faszinierende Aussicht, dass es eines Tages möglich sein könnte, aus der Innenseite Ihrer Wange einen Abstrich zu nehmen und aus diesen Zellen fast jede andere Zelle Ihres Körpers herzustellen. Wenn es Forschern und Ärzten gelingt, diese Techniken vollständig zu beherrschen, und wenn sie beweisen können, dass das Verfahren sicher ist, könnten sie im Grunde genommen die Behandlung von degenerativen Erkrankungen, die Versorgung von Verletzungen und Organtransplantationen revolutionieren. Unter Umständen wäre es sogar möglich, gegenwärtig noch unheilbare Erkrankungen von Muskeln und Nervensystem umzukehren – etwa Parkinson oder Muskelschwund.

Solche und ähnliche Fortschritte haben gelegentlich – vielfach bei Firmen im Silicon Valley – zu der kühnen Vorhersage geführt, man werde in naher Zukunft fähig sein, den Alterungsprozess aufzuhalten oder sogar *umzukehren*. Allerdings sollten solche Behauptungen in der praktischen Wirklichkeit geerdet sein. Ich jedenfalls werde, wenn die Zeit gekommen ist, mein Gehirn oder meinen Körper nicht kryokonservieren lassen, in der Hoffnung, in einer höchst unwahrscheinlichen Zukunft wiedererweckt zu werden, um verjüngt bis in alle Ewigkeit zu leben. Altern ist das Endprodukt der kombinierten

Wirkung von Schädigungen, Tod und vorprogrammierter Abschaltung der Körperzellen und der Organsysteme. Selbst bei Menschen, die sich bester Gesundheit erfreuen, kommt der Haut die Elastizität, den Muskeln der Tonus, dem Immunsystem die Reaktivität und dem Herzen die Kraft abhanden. Es gibt keine einzelne Ursache für all diese Vorgänge, daher ist es sehr unwahrscheinlich, dass sich ein einfaches Gegenmittel finden lässt. Aber ich habe wenig Zweifel daran, dass die Lebenserwartung in den kommenden Jahrzehnten weiter steigen und sich – sehr wichtig – die Lebensqualität im Alter verbessern wird. Wir werden nicht ewig leben, aber wir könnten alle von verbesserten Behandlungsmethoden profitieren, die eine Kombination aus Stammzellen, neuen Medikamenten, genbasierten Therapien und Anleitungen zu gesünderer Lebensweise nutzen, um viele Teile älterer und kränkelnder Körper zu beleben und zu regenerieren.

Die Anwendung biologischen Wissens hat nicht nur unsere Fähigkeit revolutioniert, kaputte Körper zu flicken, sondern auch der Menschheit insgesamt die Möglichkeit geschenkt, zu wachsen und sich zu entfalten. Rund 10 000 v. Chr. stieg die Weltbevölkerung sprunghaft an, als unsere Vorfahren mit der Landwirtschaft begannen. Zwar sahen sie selbst es damals nicht so, aber sie erreichten das, indem sie die Prinzipien der künstlichen Selektion auf die Domestizierung von Tieren und Pflanzen anwandten. Eine weit umfangreichere und verlässlichere Nahrungsversorgung war die Belohnung.

Im Vergleich zum vorgeschichtlichen Anstieg hat die Weltbevölkerung zu meinen Lebzeiten noch dramatischer zugenommen: Seit meiner Geburt im Jahr 1949 hat sie sich fast verdreifacht. Das heißt, heute müssen jeden Tag etwa fünf Milliarden zusätzliche hungrige Mäuler gestopft werden, und diese ganze Extranahrung muss auf etwa der gleichen landwirtschaftlichen Fläche erzeugt werden. Das wurde durch die sogenannte grüne Revolution ermöglicht, die in den 1950er und 1960er Jahren begann. Dazu gehören die Fortschritte bei Bewässerung, Düngemitteln, Schädlingsbekämpfung und, am wichtigsten, der Erzeugung neuer Pflanzensorten, die als Grundnahrungsmittel dienen. Im Gegensatz zu den herkömmlichen Züchtern konnten die Wissenschaftler alles, was jetzt an Kenntnissen über Genetik, Biochemie, Botanik und Evolution vorlag, für die Entwicklung neuer Pflanzenvarietäten nutzbar machen. Sie waren erstaunlich erfolgreich und produzierten neue Nutzpflanzen mit wesentlich höheren Ernteerträgen. Allerdings hatte das auch seinen Preis. Die intensive landwirtschaftliche Nutzung hatte nachteilige Folgen für die Böden, die Lebensgrundlage der Bauern, und für andere Tierarten, die sich die Lebensräume mit den Nutzpflanzen teilen. Außerdem ist die Nahrungsmenge, die jeden Tag vergeudet wird, ein Skandal, der unbedingt beendet werden muss. Doch ohne die entscheidenden Impulse der biologischen Erkenntnisse für die landwirtschaftliche Praxis des letzten Jahrhunderts würden jedes Jahr Millionen Menschen zusätzlich verhungern.

Auch heute noch wächst die Weltbevölkerung. Ein Umstand, der weiter beiträgt zu der Besorgnis über die Schäden, die das Handeln des Menschen der Welt des Lebendigen zufügt. Wenn wir in die Zukunft blicken, sehen wir uns vor der großen Herausforderung, einerseits dem Land noch mehr Nahrung entlocken zu müssen und andererseits unsere schädlichen Einflüsse auf die Umwelt zu reduzieren. Ich denke, wir müssen die Methoden überwinden, die die landwirtschaftliche Revolution des letzten Jahrhunderts vorangetrieben haben, und noch effizientere und kreativere Formen der Nahrungsmittelproduktion entwickeln.

Doch leider sind seit den 1990er Jahren die Versuche, gentechnisch veränderte (GM, nach engl. *genetically modified*) Pflanzen und Nutztiere mit verbesserten Eigenschaften zu entwickeln, häufig abgeblockt worden. Meist hatte das wenig mit wissenschaftlichen Beweisen und Erkenntnissen zu tun. Ich habe viele Debatten über die Sicherheit von GM-Lebensmitteln erlebt, die immer wieder an Missverständnissen, fehlgeleitetem Lobbyismus und falschen Informationen scheiterten. Betrachten wir das Beispiel des Goldenen Reises (*Golden Rice*), dem ein Bakteriengen in eines seiner Chromosomen eingeschleust wurde, so dass die Pflanze jetzt große Mengen an Vitamin A produziert. Man schätzt, dass weltweit 250 Millionen Vorschulkinder an Vitamin-A-Mangel leiden, der nicht selten zu Blindheit und Tod führt. Der Goldene Reis könnte unmittelbare Hilfe bringen, doch er ist wiederholt von Umweltaktivisten und Nichtregierungsorganisationen (NGOs) angegriffen worden. Dabei wurden sogar Versuchsfelder verwüstet, die speziell angelegt worden waren, um die Sicherheit und die Umweltverträglichkeit des Goldenen Reises zu überprüfen.

Ist es wirklich hinnehmbar, dass den Ärmsten dieser Welt der Zugang zu Erfindungen verwehrt wird, die ihrer Gesundheit und Nahrungssicherung dienen könnten, vor allem, wenn sich diese Haltung auf Modeströmungen und Fehlinformationen statt auf exakte wissenschaftliche Daten stützt? Nahrungsmittel, die mit gentechnischen Verfahren hergestellt werden, sind nicht zwangsläufig gefährlich oder giftig. Wichtig ist vielmehr, dass *alle* Nahrungspflanzen und Nutztiere in gleicher Weise und unabhängig von ihrer Produktionsmethode auf Sicherheit, Effizienz, mögliche Umweltschädlichkeit und wirtschaftliche Auswirkungen überprüft werden sollten. Wir müssen berücksichtigen, was die Wissenschaft zu Risiken und Nutzen zu sagen hat, unbeeinflusst von den wirtschaftlichen Strategien der Konzerne, den ideologischen Meinungen von NGOs und den finanziellen Interessen beider.

In kommenden Jahrzehnten werden wir häufiger gentechnische Methoden einsetzen müssen. Das könnte ein Gebiet werden, auf dem die relativ neue Disziplin der *synthetischen Biologie* eine gewichtige Rolle spielen könnte. Synthetische Biologen versuchen, über die punktuellen und graduellen Methoden hinauszugehen, die üblicherweise in der Gentechnik angewendet werden, und radikaler in die genetischen Programme von Organismen einzugreifen.

Die technischen Schwierigkeiten sind beträchtlich, und es nicht ganz klar, wie man diese neuen Arten kontrollieren und eingrenzen will, aber der potenzielle Nutzen könnte enorm sein. Der Grund ist, dass die Chemie des Lebens weit anpassungsfähiger und effizienter ist als die meisten chemischen Prozesse, die man bislang in Labors oder Fabriken durchführen konnte. Mit Gentechnik und synthetischer Biologie könnten wir die chemische Leistungsfähigkeit des Lebens für verheißungsvolle neue Zwecke reorganisieren. Es müsste möglich sein, mithilfe der synthetischen Biologie Nahrungspflanzen und Nutztiere mit höherem Nährwert zu entwickeln, aber sie ließe sich auch viel grundsätzlicher einsetzen. Wir könnten Pflanzen, Tiere und Mikroorganismen gentechnisch so verändern, dass sie vollkommen neue Arten von Arzneimitteln, Brennstoffen, Textilien und Baustoffen produzierten.

Mit neuartigen Methoden geschaffene biologische Systeme könnten sogar bei der Bekämpfung des Klimawandels helfen. Der wissenschaftliche Konsens ist eindeutig: Unser Planet ist in eine Phase beschleunigter globaler Erwärmung eingetreten. Das ist eine ernsthafte Bedrohung für unsere Zukunft und für die der Biosphäre, von der wir nur ein Teil sind. Daher ist es zwingend notwendig, den Ausstoß an Treibhausgasen zu verringern und das Tempo der Erwärmung zu verlangsamen. Wenn wir Pflanzen gentechnisch so verändern könnten, dass die Photosynthese in ihnen noch effizienter abläuft, als es unter natürlichen Bedingungen geschieht, oder wenn es uns gelänge, die Photosynthese – außerhalb der Grenzen von Zellen – in industriellem Maßstab zu nutzen, ließen sich vielleicht CO_2-neutrale Brennstoffe und Industrierohstoffe herstellen. Möglicherweise könnten Genetiker auch neue Pflanzenvarietäten entwickeln, die unter extremen Bedingungen überleben, beispielsweise auf erschöpften Böden oder in Trockengebieten, in denen bisher nichts angebaut werden konnte. Solche Pflanzen wären nicht nur in der Lage, die Welt zu ernähren, sondern sie könnten auch Kohlendioxid einfangen, speichern und so zur Bekämpfung des Klimawandels beitragen. Sie wären auch als Basis für nachhaltig arbeitende lebende Fabriken denkbar. Statt weiter fossile Brennstoffe zu nutzen, wäre es vielleicht möglich, biologische Systeme zu entwickeln, die mit Müll, Abbauprodukten und Sonnenlicht betrieben werden könnten.

Abgesehen von diesen gentechnisch hergestellten Lebensformen böte sich noch an, den Teil der Erdoberfläche zu vergrößern, der mit natürlich vorkommenden photosynthetisierenden Pflanzen bedeckt ist. Dieser Vorschlag ist nicht ganz so einfach, wie er auf den ersten Blick erscheinen mag. Um überhaupt eine nennenswerte Wirkung zu erzielen, müsste er in riesigem Maßstab durchgeführt werden. Außerdem wäre es erforderlich, das Problem der langfristigen Kohlenstoffspeicherung zu lösen, nachdem die Pflanzen abgestorben oder abgeerntet wären. Das könnte beispielsweise durch das Aufforsten von Wäldern, den Anbau von Algen und Seetang in den Ozeanen und die Förderung der Neubildung von Hochmooren geschehen. Doch bei jedwedem Versuch, eine Intervention einzuleiten, die schnell und effektiv wirksam wäre, wird unser Wissen über die Dynamik der Ökosysteme an seine Grenzen stoßen. Das fortdauernde, weitverbreitete und weitgehend unerklärte Insektensterben ist ein typisches Beispiel. Unsere Zukunft hängt von den Insekten ab, denn sie bestäuben viele unserer Nahrungspflanzen, bilden Böden und leisten vieles mehr.

Für Fortschritte in allen diesen Bereichen brauchen wir genauere Kenntnisse über das Leben und seine Funktionen. Biologen aller Disziplinen – Molekular- und Zellbiologen, Genetiker, Botaniker, Zoologen, Ökologen und viele mehr – müssen einander helfen, den Fortbestand der menschlichen Zivilisation zu sichern, zusammen mit – und nicht auf Kosten – der restlichen Biosphäre. Wenn auch nur eine dieser Anstrengungen Erfolg haben soll, müssen wir uns dem Ausmaß unseres Unwissens stellen. Trotz der großen Fortschritte, die wir bei der Erforschung des Lebens und seiner Funktionen gemacht haben, ist unser gegenwärtiges Wissen nur Stückwerk, bestenfalls. Wenn wir konstruktiv – und sicher – in die Prozesse lebender Systeme eingreifen wollen, um einige unserer ehrgeizigeren praktischen Ziele zu erreichen, müssen wir noch viel lernen.

Die Entwicklung neuer Anwendungen sollte immer Hand in Hand mit dem Bestreben gehen, mehr über das Leben und seine Funktionen zu lernen. Hören wir dazu George Porter, einen Nobelpreisträger für Chemie: »Wer die angewandte Wissenschaft auf Kosten der Grundlagenforschung fördert, gleicht jemandem, der an den Fundamenten eines Gebäudes spart, um es höher bauen zu können. Es ist nur eine Frage der Zeit, bis das ganze Gebäude in sich zusammenstürzt.« Umgekehrt handeln Forscher uneinsichtig, wenn sie nicht anerkennen, dass nützliche Anwendungen überall dort entwickelt werden sollten, wo es möglich ist. Wenn wir sehen, dass sich Gelegenheiten bieten, dieses Wissen zum Nutzen des Gemeinwohls einzusetzen, müssen wir es tun.

Das wirft neue Fragen auf und schafft weitere Probleme. Wie einigen wir uns darauf, was unter »Gemeinwohl« zu verstehen ist? Wenn neue Krebstherapien außerordentlich kostspielig sind, wer bekommt sie dann und wer nicht? Sollte die Befürwortung von Impfverweigerung ohne hinreichende Beweise oder der Missbrauch von Antibiotika unter Strafe gestellt werden? Ist die Bestrafung bestimmter Taten gerechtfertigt, wenn der Täter, als er sie beging, stark von seinen Genen beeinflusst war? Wenn Genom-Editierung an der menschlichen Keimbahn Familien von der Geißel der Huntington-Chorea befreien kann, sollte sie dann erlaubt sein? Kann das Klonen eines erwachsenen Menschen jemals akzeptiert werden? Und wenn sich etwas gegen den Klimawandel ausrichten ließe, indem man Milliarden genetisch veränderter Algen im Meer aussetzte, sollte man es dann tun?

Das ist nur eine kleine Auswahl der immer drängender werdenden und häufig das ganz persönliche Wertesystem betreffenden Fragen, die wir uns angesichts unseres fortschreitenden Wissens über das Leben stellen müssen. Die einzige Möglichkeit, konsensfähige Antworten zu finden, ist eine permanente, ehrliche und offene Debatte. In diesen Diskussionen kommt den Wissenschaftlern eine Sonderrolle zu, weil sie die Vorteile, Risiken und Gefahren eines jeden Schrittes nach vorn erklären müssen. Aber die Leitung der Diskussion muss die Gesamtgesellschaft übernehmen. Die politischen Entscheidungsträger müssen sich engagiert an der Lösung dieser Probleme beteiligen. Gegenwärtig nehmen viel zu wenige von ihnen genügend Notiz von den immensen Auswirkungen, die Wissenschaft und Technik auf unser Leben haben.

Doch die richtige Zeit für die Politik ist *nach* der Wissenschaft, nicht *vorher*. Die Welt hat zu oft erlebt, wie schrecklich es enden kann, wenn die Reihenfolge umgekehrt wird. Während des Kalten Krieges war die Sowjetunion in der Lage, Kernwaffen zu bauen und den ersten

Menschen in den Weltraum zu katapultieren. Doch die genetische Forschung und das wissenschaftliche Bemühen um Verbesserung der Ernteerträge wurden bewusst hintertrieben, weil Stalin den Scharlatan Lyssenko aus ideologischen Gründen unterstützte und die Mendel'sche Genetik ablehnte. Das hatte zur Folge, dass die Menschen verhungerten. In den letzten Jahren haben wir erlebt, wie unaufschiebbare Maßnahmen durch Leugner des Klimawandels verhindert wurden, die wissenschaftliche Erkenntnisse ignorierten oder absichtlich unterliefen. Debatten über das Gemeinwohl müssen sich an Wissen, Evidenz und rationalem Denken orientieren, nicht an Ideologie, unbelegten Überzeugungen, Gier oder politischem Extremismus.

Doch damit wir uns nicht missverstehen: Der Wert der Wissenschaft selbst steht nicht zur Debatte. Die Welt braucht die Wissenschaft und die Fortschritte, die sie ermöglichen kann. Als sich selbst reflektierende, erfindungsreiche und wissbegierige Wesen haben wir Menschen die einzigartige Möglichkeit, mithilfe unseres Wissens über das Leben die Welt zu verändern. Es ist an uns, alles zu tun, was in unserer Macht steht, um das Leben zu verbessern. Nicht nur für unsere Familien und unser unmittelbares Umfeld, sondern auch für alle kommenden Generationen und für die Ökosysteme, denen wir untrennbar angehören. Die Welt um uns her versetzt uns nicht nur in unendliches Staunen, sie ist auch die Grundlage unserer Existenz.

Was ist Leben?

Nicht gerade eine bescheidene Frage. Die Antwort, die ich in der Schule bekam, glich im Wesentlichen der MRS GREN-Liste, nach der ein lebendiger Organismus gekennzeichnet ist durch *M*ovement, *R*espiration, *S*ensitivity, *G*rowth, *R*eproduction, *E*xcretion und *N*utrition – also Bewegung, Atmung, Reizempfindlichkeit, Wachstum, Reproduktion, Ausscheidung und Nahrungsaufnahme. Es ist eine akkurate Aufzählung dessen, was lebende Organismen *tun*, aber es ist keine befriedigende Erklärung dessen, was Leben *ist*. Ich möchte einen anderen Weg einschlagen. Ausgehend von den Schritten, in denen wir die fünf maßgeblichen Ideen der Biologie verstehen wollten, möchte ich jetzt eine Reihe von Grundideen vorstellen, die uns dazu dienen können, das Leben zu definieren. Diese Prinzipien werden uns tiefere Einsichten ermöglichen – wie das Leben funktioniert, wie es begann, und durch welche Beziehungen alle Erscheinungsformen des Lebens auf unserem Planeten miteinander verbunden sind.

Natürlich haben viele andere versucht, diese Frage zu beantworten. In seinem zukunftsweisenden Buch *Was ist Leben?* hob Erwin Schrödinger 1944 die Bedeutung von Vererbung und Information hervor. Er schlug einen Code für das Leben vor, der, wie wir heute wissen, in DNA geschrieben ist. Doch er beendete sein Buch mit einer These, die fast an Vitalismus grenzt: Um Leben wirklich zu erklären, brauchten wir möglicherweise ein physikalisches Gesetz neuer und noch unentdeckter Art.

Einige Jahre später schrieb der radikale britisch-indische Biologe J. B. S. Haldane ein Buch, das ebenfalls den Titel *What is Life?* trug. Dort erklärte er: »Ich werde diese Frage nicht beantworten. Tatsächlich bezweifle ich, dass es jemals eine umfassende Antwort geben wird.« Er verglich das Gefühl, lebendig zu sein, mit Farbwahrnehmung, Schmerz oder Mühe, weil wir »diese Erfahrungen nicht durch etwas anderes beschreiben können«. Ich habe Verständnis für Haldanes Auffassung, aber sie erinnert mich an Justice Potter, Richter am Obersten Gericht der USA, der 1964 Pornographie definierte, indem er sagte: »Ich erkenne sie, wenn ich sie sehe.«

Der nobelpreisgekrönte Genetiker Hermann Muller war weniger zögerlich. 1966 lieferte er für die Definition des Lebewesens eine abgespeckte Version: Es sei einfach etwas, das die Fähigkeit besitze zu evolvieren, das heißt, sich von Generation zu Generation weiterzuentwickeln. Muller identifizierte Darwins großartige Vorstellung von der Evolution durch natürliche Selektion als zentral für das Nachdenken über das Leben allgemein. Es ist ein Mechanismus – tatsächlich der einzige uns bekannte Mechanismus –, der verschiedene, organisierte, zweckmäßige, lebende Gebilde hervorbringen kann, ohne dafür einen übernatürlichen Schöpfer bemühen zu müssen.

Die Fähigkeit, mittels der natürlichen Selektion zu evolvieren, soll mein erstes Prinzip zur Definition des Lebens sein. Wie in dem Kapitel über die natürliche Selektion gezeigt, hängt das von drei entscheidenden Merkmalen ab. Um zu evolvieren, müssen lebende Organismen sich reproduzieren, ein Vererbungssystem haben, und dieses Vererbungssystem muss Variabilität aufweisen. Jedes Wesen, das diese Merkmale hat, kann und wird evolvieren.

Mein zweites Prinzip besagt, Lebensformen sind abgeschlossene, physische Gebilde. Sie sind von ihrer Umgebung abgegrenzt, kommunizieren aber mit ihr. Dieses Prinzip ist aus dem Konzept der Zelle abgeleitet, dem einfachsten Ding, das unzweifelhaft alle definierenden Merkmale des Lebens verkörpert. Das Prinzip betrifft die Körperlichkeit des Lebens, die Computerprogramme und kulturelle Phänomene ausschließt, obwohl diese durchaus den Eindruck von Evolution hervorrufen können.

Mein drittes Prinzip lautet: Lebewesen sind chemische, physikalische und informationsverarbeitende Maschinen. Sie stellen ihren eigenen Stoffwechsel her, mit dessen Hilfe sie sich am Leben erhalten, wachsen und reproduzieren. Diese lebenden Maschinen werden durch die Verarbeitung von Information koordiniert und reguliert, mit dem Erfolg, dass Lebewesen als zweckmäßige Ganzheiten operieren.

Gemeinsam ergeben diese drei Prinzipien eine Definition des Lebens. Jede Einheit, die alle drei befolgt, kann als lebendig gelten.

Die außergewöhnliche Chemie, die dem Leben zugrunde liegt, muss näher erläutert werden, wenn wir wirklich verstehen wollen, wie das Leben funktioniert. Diese Chemie zeichnet sich vor allem dadurch aus, dass ihr zentrales Merkmal große Polymermoleküle sind, die vor allem aus miteinander verbundenen Kohlenstoffatomen bestehen. Die DNA ist eines von ihnen, und ihr Hauptzweck die zuverlässige, langfristige Informationsspeicherung. Daher schützt die DNA ihre wichtigen informationshaltigen Elemente – die Nukleinbasen – im Inneren der Helix, wo sie stabil und gut geschützt sind. So gut, dass Spezialisten heute in der Lage sind, die DNA von Organismen zu sequenzieren, die vor sehr langer Zeit gelebt haben, zum Beispiel die DNA eines Pferdes, das der Permafrost fast eine Million Jahre konserviert hatte!

Doch die Information, die in der DNA-Sequenz der Gene gespeichert ist, kann nicht verborgen und passiv bleiben. Sie muss aktiv werden, um Stoffwechseltätigkeiten und materielle Strukturen zu schaffen, die das Leben als Grundlage braucht. Die Information, die in der chemisch stabilen und ziemlich uninteressanten DNA enthalten ist, muss in chemisch aktive Moleküle übersetzt werden: die Proteine.

Auch Proteine sind kohlenstoffbasierte Polymere, aber im Gegensatz zur DNA befinden sich die meisten chemisch variablen Teile von Proteinen an der *Außenseite* des Polymermoleküls. Daraus folgt, dass sie die dreidimensionale Form des Proteins beeinflussen und auch mit der Welt wechselwirken. Das ermöglicht ihnen letztlich, ihre vielfältigen Funktionen zu erfüllen: die chemische Maschine zu bauen, zu warten und zu reproduzieren. Und anders als im Fall der DNA kann die Zelle, wenn Proteine geschädigt oder zerstört werden, sie einfach durch Herstellung neuer Proteinmoleküle ersetzen.

Ich kann mir keine elegantere Lösung vorstellen: verschiedene Konfigurationen linearer Kohlenstoffpolymere generieren chemisch stabile Strukturen zur Informationsspeicherung und gleichzeitig extrem verschiedene chemische Aktivitäten. Diesen Aspekt der Lebenschemie finde ich einerseits äußerst einfach und andererseits vollkommen ungewöhnlich. Wie das Leben hier komplexe Polymerchemie mit linearer Informationsspeicherung verknüpft, ist so einleuchtend, dass es vermutlich nicht nur das Grundprinzip des Lebens auf der Erde ist, sondern allen Lebens, das jemals im Universum gefunden werden sollte.

Zwar hängen wir und alle anderen bekannten Lebensformen von Kohlenstoffpolymeren ab, doch wir sollten uns in unseren Gedanken über das Leben nicht von der Erfahrung unserer irdischen Lebenschemie einengen lassen. Man kann sich durchaus Leben in anderen Regionen des Kosmos vorstellen, das Kohlenstoff anders verwendet, oder Leben, das überhaupt nicht auf Kohlenstoff beruht. Beispielsweise hat der britische Chemiker und Molekularbiologe Graham Cairns-Smith in den 1960er Jahren gemeint, es könne eine primitive Lebensform geben, bei der selbstreplizierende kristalline Tonteilchen diese zentrale Rolle übernehmen.

Cairns-Smiths fiktive Tonteilchen basierten auf Silizium, einer beliebten Option bei Science-Fiction-Autoren, die sich außerirdische Lebensformen vorstellen. Wie Kohlenstoff können Siliziumatome vier chemische Bindungen eingehen, und wir wissen, dass sie Polymere bilden; diese werden chemisch als Poly(organo)siloxane bezeichnet, besser bekannt sind sie als Silikone – die Grundlage von Dichtungen, Klebstoffen, Schmiermitteln und Küchengeschirr. Im Prinzip könnten siliziumbasierte Polymere groß und vielfältig genug sein, um biologische Information zu enthalten. Doch obwohl Silizium auf der Erde weit häufiger vorkommt als Kohlenstoff, beruht das Leben hier auf Kohlenstoff. Das könnte daran liegen, dass Silizium unter den Bedingungen, die auf der Erdoberfläche herrschen, nicht so leicht chemische Verbindungen eingeht wie Kohlenstoff und daher auch nicht die für das Leben erforderliche chemische Variabilität bietet. Es wäre allerdings töricht, die Möglichkeit auszuschließen, dass es unter anderen Bedingungen in fernen Regionen des Universums siliziumbasiertes Leben – oder Leben, das auf einer ganz anderen Chemie beruht – geben könnte.

Wenn wir darüber nachdenken, was Leben ist, liegt die Versuchung nahe, eine scharfe Trennlinie zwischen Leben und Nichtleben zu ziehen. Zellen sind natürlich lebendig, und alle Organismen, die aus Ansammlungen von Zellen bestehen, sind es ebenfalls. Doch es gibt andere lebensähnliche Formen, die eine Zwischenstellung einnehmen.

Viren sind das Musterbeispiel dafür. Sie sind chemische Einheiten mit einem Genom – bei einigen auf der Basis von DNA, bei anderen auf der von RNA –, das die Gene für die Proteinhülle enthält, die das Virus einkapselt. Viren können durch natürliche Selektion evolvieren und insofern Mullers Kriterium gerecht werden, aber von da an ist die Sache nicht mehr so eindeutig. Vor allem können sich Viren, streng genommen, nicht selbst reproduzieren. Ihre einzige Möglichkeit, sich zu vermehren, besteht darin, die Zellen lebender Organismen zu infizieren und die Kontrolle über den Stoffwechsel der infizierten Zellen zu übernehmen.

Wenn Sie sich erkälten, dringen Viren in die Zellen Ihrer Nasenschleimhaut ein und reproduzieren das Virus mithilfe der darin enthaltenen Enzyme und Rohstoffe in großer Zahl. Tatsächlich werden so viele Viren reproduziert, dass die infizierten Zellen in Ihrer Nase platzen und Tausende von Erkältungsviren freisetzen. Diese neuen Viren infizieren Zellen in der Nähe und gelangen in die Blutbahn, so dass sie auch Zellen in anderen Körperregionen infizieren können. So verfügt das Virus zwar über eine hocheffektive Strategie, um den eigenen Fortbestand zu sichern, aber es kann nicht separat von der zellulären Umgebung seines Wirtes operieren. Mit anderen Worten: Es ist vollkommen abhängig von einem anderen lebenden Objekt. Man könnte fast sagen, dass Viren zwischen einem *lebendigen* Zustand, in dem sie chemisch aktiv sind und sich in den Wirtszellen reproduzieren, und einem *unlebendigen* wechseln, in dem sie als chemisch inerte Viren außerhalb von Zellen existieren.

Einige Biologen kommen daher zu dem Schluss, aus dieser vollkommenen Abhängigkeit von anderen lebenden Objekten folge, dass Viren nicht wirklich lebendig sind. Allerdings sollten wir uns daran erinnern, dass fast alle anderen Lebensformen, einschließlich unserer selbst, ebenfalls von anderen Lebewesen abhängig sind.

Ihr so vertrauter Körper ist tatsächlich ein Ökosystem, das aus einer Mischung von menschlichen und nichtmenschlichen Zellen besteht. Unsere rund 30 Billionen Zellen werden von den Zellen verschiedener Gemeinschaften von Bakterien, Archaeen, Pilzen und einzelligen Eukaryoten, die in uns und auf uns leben, zahlenmäßig in den Schatten gestellt. Viele Menschen tragen auch größere Tiere mit sich herum, unter anderem eine Vielzahl von Eingeweidewürmern und die winzigen achtbeinigen Milben, die auf unserer Haut leben und ihre Eier in unsere Haarfollikel legen. Viele dieser intimen, nichtmenschlichen Begleiter hängen in hohem Maße von unseren Zellen und Körpern ab, aber auf einige von ihnen sind auch wir angewiesen. Beispielsweise produzieren Bakterien in unserem Darm bestimmte Aminosäuren oder Vitamine, die unsere Zellen allein nicht herstellen können.

Und wir sollten nicht vergessen, dass jeder Bissen, den wir essen, von anderen lebenden Organismen hergestellt wurde. Sogar viele Mikroorganismen, wie die Hefe, die ich untersucht habe, sind vollkommen abhängig von Molekülen, die meist von anderen lebenden Organismen produziert werden. Dazu gehören beispielsweise Glukose und Ammoniak, die zur Herstellung von kohlenstoff- und stickstoffhaltigen Makromolekülen erforderlich sind.

Pflanzen scheinen sehr viel unabhängiger zu sein. Sie können Kohlendioxid aus der Luft und Wasser aus der Erde aufnehmen und mithilfe der Sonnenergie viele der komplexeren Moleküle bilden, die sie brauchen, einschließlich der Kohlenstoffpolymere. Doch sogar Pflanzen sind auf Bakterien in oder nahe ihren Wurzeln angewiesen, die den Stickstoff aus der Atmosphäre aufnehmen. Ohne sie können die Pflanzen die Makromoleküle des Lebens nicht produzieren. Soweit wir wissen, ist dazu kein Eukaryot, auf sich selbst gestellt, in der Lage. Es gibt nicht eine einzige Tier-, Pflanzen- oder Pilzart, die ihre eigene Zellchemie ohne fremde Hilfe erzeugen kann.

Daher sind möglicherweise die Lebensformen mit der größten Selbstständigkeit – die einzigen, die wirklich unabhängig und »ungebunden« sind – einige Organismen, die auf den ersten Blick ziemlich primitiv wirken. Dazu gehören die mikroskopischen Cyanobakterien – häufig auch als Blaualgen bezeichnet –, die sowohl photosynthetisieren als auch den benötigten Stickstoff selbst aufnehmen können, und die Archaeen, die sich all ihre Energie und ihre chemischen Rohstoffe aus hydrothermalen Tiefseeschloten besorgen. Interessanterweise leben diese relativ einfachen Organismen nicht nur schon weit länger als wir auf dem Planeten, sie sind auch autarker als wir.

Die tiefe wechselseitige Abhängigkeit verschiedener Lebensformen zeigt sich auch in der Grundausstattung unserer Zellen. Die Mitochondrien, die die Energie erzeugen, die unser Körper braucht, waren einmal völlig unabhängige Bakterien – Bakterien, die die Fähigkeit erworben hatten, ATP herzustellen. Durch einen Zufall, der vor ungefähr 1,5 Milliarden Jahren stattfand, siedelten sich einige dieser Bakterien in einem anderen Zelltyp an. Im Laufe der Zeit wurden die Wirtszellen so abhängig von dem ATP, das ihre Gastbakterien herstellten, dass die Mitochondrien zu einer ständigen Einrichtung wurden. Die Zementierung dieser wechselseitig vorteilhaften Beziehung markierte wahrscheinlich den Beginn der gesamten eukaryotischen Abstammungslinie. Dank zuverlässiger Energieversorgung konnten die Zellen der Eukaryoten größer und komplexer werden. Das wiederum beschleunigte die Entwicklung der überwältigenden Vielfalt von Tieren, Pflanzen und Pilzen, die wir heute sehen.

Aus all dem folgt, dass es ein abgestuftes Spektrum von lebenden Organismen gibt, das von den total abhängigen Viren bis zu den weitgehend autarken Cyanobakterien, Archaeen und Pflanzen reicht. Ich denke, dass diese verschiedenen Erscheinungsformen alle lebendig sind. Sie sind ausnahmslos selbstgesteuerte materielle Einheiten, die mittels natürlicher Selektion evolvieren können, obwohl sie gleichzeitig alle in unterschiedlichem Maße von anderen lebenden Organismen abhängig sind.

Diese umfassende Perspektive vermittelt einen vielseitigeren Eindruck von der lebendigen Welt. Das Leben auf der Erde ist Teil eines einzigen, ungeheuer vernetzten Ökosystems, das alle lebenden Organismen einschließt. Dieses grundlegende System der Verbundenheit erwächst nicht nur aus der starken gegenseitigen Abhängigkeit der Lebensformen, sondern auch daraus, dass sie alle durch die gemeinsamen evolutionären Wurzeln genetisch miteinander verwandt sind. Von Umweltforschern wird dieser Aspekt der engen Verwandtschafts- und Wechselbeziehungen schon lange hervorgehoben. Die Sichtweise geht auf die Auffassungen des Entdeckers und Naturforschers Alexander von Humboldt zurück, der Anfang des 19. Jahrhunderts erklärte, alles Leben sei durch ein ganzheitliches Beziehungsnetz verbunden. Es mag überraschend erscheinen, dass diese Vernetzung eine so zentrale Bedeutung für das Leben hat. Eine gute Gelegenheit innezuhalten und etwas gründlicher darüber nachzudenken, wie sich die Tätigkeit des Menschen auf den Rest der lebendigen Welt auswirkt.

Die Organismen, die auf den vielen Ästen des gemeinsamen Stammbaums leben, weisen eine erstaunliche Vielfalt auf. Aber weit bedeutender noch als ihre Vielfalt ist ihre größere und grundlegendere Ähnlichkeit. Als chemische, physikalische und informationsverarbeitende Maschinen sind die entscheidenden Merkmale ihrer Arbeitsweise gleich. Beispielsweise verwenden sie das gleiche kleine Molekül ATP für ihre elementare Energieversorgung, sie stützen sich auf die gleichen elementaren Beziehungen zwischen DNA, RNA und Protein und sie stellen ihre Proteine mithilfe von Ribosomen her. Francis Crick vertrat die Ansicht, dass der Informationsfluss von DNA zu RNA zu Protein so grundlegend für das Leben sei, dass er es das »zentrale Dogma der Molekularbiologie« nannte. Inzwischen wurden einige kleinere Ausnahmen von der Regel entdeckt, aber der Kern von Cricks Aussage hat noch immer Bestand.

Diese tiefreichenden Gemeinsamkeiten in den chemischen Grundlagen des Lebens führen zu einem bemerkenswerten Schluss: Das Leben, wie es sich gegenwärtig auf der Erde präsentiert, hat nur *ein einziges Mal* begonnen. Wenn verschiedene Lebensformen mehrfach unabhängig voneinander entstanden wären und überlebt hätten, wäre es extrem unwahrscheinlich, dass in ihren Nachfahren alle fundamentalen Prozesse auf ähnliche Weise ablaufen.

Wenn alles Leben Teil desselben riesigen Stammbaums ist, aus welcher Saat ist dieser Baum dann entsprossen? Irgendwie, irgendwo, vor sehr langer Zeit ordneten sich unbelebte und ungeordnete chemische Stoffe zu strukturierteren Formen an, die in der Lage waren, sich Dauer zu verleihen, sich selbst zu kopieren und schließlich die alles entscheidende Fähigkeit zu erwerben, durch natürliche Selektion zu evolvieren. Aber wo liegt der tatsächliche Anfang dieser Geschichte, die auch unsere Geschichte ist?

Die Erde entstand vor etwas mehr als 4,5 Milliarden Jahren, in den Anfängen des Sonnensystems. Während der ersten rund 500 Millionen Jahre war die Oberfläche des Planeten zu heiß und instabil, um die Entstehung von Leben, wie wir es kennen, zuzulassen. Doch die ältesten eindeutig identifizierten fossilen Organismen lebten vor etwa 3,5 Milliarden Jahren. Daraus ergibt sich ein Zeitfenster von einigen Hundert Millionen Jahren für die Entstehung und Entwicklung des Lebens. Das ist eine längere Zeitstrecke, als unser Verstand ohne Weiteres erfassen kann, aber es ist ein ziemlich kleiner Bruchteil der Gesamtgeschichte des Lebens auf der Erde. Francis Crick hielt die Möglichkeit, dass sich das Leben in der verfügbaren Zeit hier auf Erden entwickelt haben könnte, für zu unwahrscheinlich. Deshalb vertrat er die These, das Leben müsse in anderen Regionen des Universums entstanden und in einem partiell oder vollständig ausgebildeten Zustand auf unseren Planeten gelangt sein. Aber damit weicht Crick der entscheidenden Frage, wie das Leben aus einfachsten Voraussetzungen entstanden sein könnte, eher aus, als dass er sie beantwortet. Heute können wir dazu eine glaubhafte, wenn auch bislang nicht zu beweisende Geschichte erzählen.

Die ältesten Fossilien sind einigen unserer modernen Bakterien ziemlich ähnlich. Daraus lässt sich schließen, dass das Leben zu diesem Zeitpunkt schon recht weit gediehen war, mit membranumschlossenen Zellen, einem auf DNA beruhenden Vererbungssystem und einem proteinbasierten Stoffwechsel.

Doch was war zuerst da? Replikationsfähige, DNA-basierte Gene, proteinbasierter Stoffwechsel oder Membranumhüllung? In den heute lebenden Organismen befinden sich diese Systeme in wechselseitiger Abhängigkeit und sind nur als Ganzes funktionsfähig. DNA-basierte Gene können sich lediglich mithilfe von Proteinenzymen replizieren. Aber Proteinenzyme können nur aus den in der DNA enthaltenen Anweisungen gebildet werden. Wie kann das eine ohne das andere existieren? Dann ist da der Umstand, dass sowohl Gene wie Stoffwechsel auf die äußere Zellmembran angewiesen sind, die die notwendigen chemischen Stoffe konzentriert, Energie aufnimmt und das Innere vor der Umgebung schützt. Aber wir wissen, dass die heute lebenden Zellen mithilfe von Genen und Enzymen ihre komplizierten Membranen produzieren. Man kann sich kaum vorstellen, wie ein Mitglied dieses Dreigespanns Gene, Proteine und Membranen allein entstanden sein sollte: Wenn man ein Element entfernt, fällt das ganze System rasch auseinander.

Die Bildung von Membranen könnte noch am leichtesten zu erklären sein. Wir wissen, dass Lipidmoleküle, wie sie zur Bildung von Membranen erforderlich sind, in Gegenwart von Stoffen und Bedingungen, die vermutlich auf der jungen Erde vorhanden waren, bei spontan auftretenden chemischen Reaktionen entstehen können. Wenn nun Wissenschaftler diese Lipide in Wasser geben, geschieht etwas Unerwartetes: Spontan fügen sie sich zu membranumhüllten Hohlkugeln zusammen, die ungefähr die gleiche Größe und Form haben wie einige Bakterienzellen.

Angesichts eines plausiblen Mechanismus zur Bildung von membranumhüllten Einheiten bleibt die Frage, ob die DNA-Gene oder die Proteine zuerst da waren. Die beste Lösung, die die Wissenschaft bislang für dieses Henne-Ei-

Rätsel gefunden hat, lautet: Keines von beiden war es! Stattdessen könnte es die chemische Cousine der DNA gewesen sein, die RNA.

RNA-Moleküle können Information speichern wie die DNA. Sie lassen sich kopieren, aber mit Fehlern, die diesem Kopiervorgang Variabilität verleihen. Das heißt, RNA kann als evolutionsfähiges Erbmolekül fungieren. Genau das tun RNA-basierte Viren bis auf den heutigen Tag. Die andere entscheidende Eigenschaft der RNA-Moleküle ist die Fähigkeit, sich zu komplizierten dreidimensionalen Strukturen zu falten, die als Enzyme wirken können. RNA-basierte Enzyme sind nicht annähernd so komplex oder vielseitig wie Proteinenzyme, aber sie können bestimmte chemische Reaktionen katalysieren. Mehrere Enzyme, die für die Funktion heutiger Ribosomen entscheidend sind, bestehen aus RNA. Durch eine Kombination dieser beiden Eigenschaften der RNA entstanden möglicherweise RNA-Moleküle, die sowohl die Funktionen von Genen als auch die von Enzymen übernahmen: Erbsystem und Stoffwechsel in derselben Einheit. Das liefe auf eine autarke, RNA-basierte, lebende Maschine hinaus.

Nach einer Hypothese könnten diese RNA-Maschinen sich zunächst in Gesteinslagen nahe hydrothermaler Tiefseeschlote gebildet haben. Danach hätten winzige Poren im Gestein als schützende Umgebung gedient, während die aus der Erdkruste austretende vulkanische Aktivität einen steten Zufluss an Energie und chemischen Rohstoffen lieferte. Unter diesen Umständen wäre denkbar, dass die zur Herstellung von RNA-Polymeren notwendigen Nukleotide vollständig aus einfacheren Molekülen zusammengesetzt waren. Zunächst könnten im Gestein eingebettete Metallatome als chemische Katalysatoren gedient haben, so dass die betreffenden Reaktionen ohne Hilfe biologischer Enzyme vonstattengehen konnten. Schließlich, nach Jahrtausenden von Versuch und Irrtum, hat das möglicherweise zur Entstehung von Maschinen aus RNA geführt, die lebendig, autark und selbstreplizierend waren und die, etwas später, in membranumhüllte Einheiten integriert werden konnten. Das wäre dann ein entscheidendes Ereignis in der Entstehungsgeschichte des Lebens gewesen: das Auftreten der ersten echten Zellen.

Die Geschichte, die ich Ihnen hier erzählt habe, ist plausibel, aber vergessen Sie bitte nicht, dass sie auch hochspekulativ ist. Die ersten Lebensformen hinterließen keine Spuren, daher ist schwer in Erfahrung zu bringen, was am Urbeginn des Lebens geschah und in welchem Zustand sich die Erde vor mehr als 3,5 Milliarden Jahren befand.

Wesentlich leichter lässt sich ausmalen, wie es nach Bildung der ersten lebensfähigen Zellen weiterging. Zunächst breiteten sich die einzelligen Mikroorganismen auf dem Planeten aus, indem sie nach und nach Meer, Land und Luft kolonisierten. Dann, rund zwei Milliarden Jahre später, gesellten sich die größeren und komplexeren – aber trotz langer Entwicklungszeit noch immer einzelligen – Eukaryoten zu ihnen. Echte mehrzellige eukaryotische Organismen kamen erst viel später, nachdem noch einmal rund eine Milliarde Jahre vergangen waren. Daraus folgt, dass es mehrzelliges Leben auf unserem Planeten seit rund 600 Millionen Jahren gibt, was nur ein Sechstel der gesamten Geschichte des Lebens ausmacht. Doch in diesem Zeitraum hat es all die riesigen und ins

Auge fallenden Formen hervorgebracht, von denen wir umgeben sind, darunter hoch aufragende Wälder, ausschwärmende Ameisenkolonien, riesige Netzwerke unterirdischer Pilze, die Säugetierherden in der afrikanischen Savanne und, in weit jüngerer Zeit, den modernen Menschen.

All das brachte der blinde und ziellose, aber hochkreative Prozess der Evolution durch natürliche Selektion hervor. Doch wenn wir die Erfolge des Lebens betrachten, dürfen wir nicht vergessen, dass evolutionärer Wandel nur dann wirklich stattfinden kann, wenn einige Mitglieder einer Population Schiffbruch erleiden, das heißt, nicht überleben und sich nicht fortpflanzen. Denn obwohl das Leben als Ganzes bewiesen hat, dass es zäh, dauerhaft und extrem anpassungsfähig ist, besitzen individuelle Leben in der Regel eine begrenzte Dauer und sind nur eingeschränkt in der Lage sich anzupassen, wenn sich ihre Umwelt verändert. Damit kommt die natürliche Selektion ins Spiel, die die alte Ordnung umstürzt und, wenn geeignetere Varianten in einer Population vorhanden sind, Platz schafft für das Neue. Offenbar kann sich Leben nur durch den Tod behaupten.

Der rücksichtslose Ausleseprozess der natürlichen Selektion schuf viele unerwartete Dinge. Besonders außergewöhnlich ist das menschliche Gehirn. Soweit wir wissen, verfügt außer uns kein anderes Lebewesen über solch ein Bewusstsein der eigenen Existenz. Unsere Selbstreflexion muss sich, zumindest teilweise, entwickelt haben, um uns einen größeren Spielraum bei der Anpassung unseres Verhaltens an unsere veränderliche Welt zu gewähren. Anders als Schmetterlinge, und womöglich alle anderen bekannten Organismen, können wir die Ziele, die uns motivieren, frei wählen und über sie nachdenken.

Das Gehirn folgt den gleichen chemischen und physikalischen Gesetzen wie alle anderen lebenden Systeme. Doch irgendwie erwächst aus den gleichen einfachen Molekülen und seit Langem bekannten und verstandenen Kräften unsere Fähigkeit, zu denken, zu debattieren, Vorstellungen zu entwickeln, Neues zu erschaffen und zu leiden. Wie all das der Nasschemie des Gehirns entspringt, konfrontiert uns mit einer Reihe schwieriger Fragen.

Wir wissen, dass unser Nervensystem auf ungeheuer komplexen Interaktionen zwischen Nervenzellen (Neuronen) beruht, die untereinander Billionen Verbindungen, sogenannte Synapsen, bilden. Gemeinsam legen diese unfassbar komplizierten und sich ständig verändernden Netze zusammengeschalteter Neuronen Signalwege an, die riesige elektrische Informationsflüsse übertragen und verarbeiten.

Wie so häufig in der Biologie wissen wir das meiste über diese Signalwege aus der Forschung über einfachere »Modellorganismen«, wie Würmer, Fliegen und Mäuse. Wir haben eine ziemlich genaue Vorstellung davon, wie diese Nervensysteme mittels ihrer Sinnesorgane Informationen über ihre Umgebung sammeln. Die Forscher haben ganze Arbeit geleistet: Sie haben die Sinnessignale des Sehens, Hörens, Tastens, Riechens und Schmeckens durch das Nervensystem verfolgt und einige der neuronalen Verschaltungen kartiert, die Erinnerungen anlegen, emotionale Reaktionen hervorrufen und Output-Verhalten auslösen, wie etwa eine Muskelbeugung.

Das sind alles wichtige Arbeiten, aber es ist nur der Anfang. Wir haben kaum die ersten Schritte getan zum Verständnis, wie die Interaktionen zwischen Milliarden individueller Neuronen so zusammenwirken, dass abstraktes Denken, Ich-Bewusstsein und unsere scheinbare Willensfreiheit entstehen. Die Suche nach befriedigenden Antworten auf diese Fragen wird wohl mindestens den Rest des 21. Jahrhunderts in Anspruch nehmen. Und ich glaube nicht, dass uns die Werkzeuge der traditionellen Naturwissenschaften ans Ziel bringen. Wir werden auf zusätzliche Einsichten aus Psychologie, Philosophie und den Geisteswissenschaften generell angewiesen sein. Auch die Computerwissenschaft könnte hilfreich sein. Heute werden extrem leistungsfähige KI-Computerprogramme entwickelt, die in stark vereinfachter Form nachahmen, wie lebendige neuronale Netze mit Information umgehen.

Diese Computersysteme vollbringen auf dem Gebiet der Datenverarbeitung immer beeindruckendere Großtaten, lassen aber nichts erkennen, was auch nur entfernte Ähnlichkeit mit abstraktem oder phantasievollem Denken, mit Selbstreflexion oder Bewusstsein hätte. Allein die Definition dessen, was unter diesen geistigen Eigenschaften zu verstehen ist, wäre äußerst schwierig. Hier könnte ein Romancier, ein Dichter oder ein Maler helfen, die Grundlagen kreativen Denkens zu erläutern, emotionale Zustände deutlicher zu beschreiben oder der Frage auf den Grund zu gehen, was es letztlich heißt, zu *sein*. Wenn wir – die Geisteswissenschaftler und die Naturwissenschaftler – bei der Erörterung dieser Phänomene zu einer gemeinsameren Sprache oder zumindest zu einer stärkeren intellektuellen Annäherung fänden, könnten wir vielleicht besser verstehen, wie und warum uns die Evolution ermöglichte, uns zu chemischen und informationsverarbeitenden Informationssystemen zu entwickeln, die sich ihrer eigenen Existenz irgendwie bewusst geworden sind. Wir werden all unsere Vorstellungskraft und Kreativität nötig haben, um herauszufinden, wie Vorstellungskraft und Kreativität entstanden sind.

Das Universum ist unvorstellbar riesig. Nach den Wahrscheinlichkeitsgesetzen ist kaum davon auszugehen, dass angesichts der ungeheuren Ausmaße von Zeit und Raum Leben – auch empfindungsfähiges Leben – nur einmal entstanden sein soll, und das ausgerechnet hier auf der Erde. Ob wir jemals außerirdischen Lebensformen begegnen werden, ist eine andere Frage. Doch sollte es jemals geschehen, rechne ich fest damit, dass es sich um autarke chemische und physikalische Maschinen auf der Basis von informationscodierenden Polymeren handeln wird, die aus einer Evolution durch natürliche Selektion hervorgegangen sind.

Unser Planet ist der einzige Ort des Universums, von dem wir mit Sicherheit sagen können, dass er Leben beherbergt. Das irdische Leben, dem wir angehören, ist ganz außergewöhnlich. Ständig überrascht es uns, doch trotz seiner sinnverwirrenden Vielfältigkeit können die Naturwissenschaftler es verstehen; ihre Erklärungen sind ein Beitrag von fundamentaler Bedeutung zu unserer Kultur und Zivilisation. Unser wachsendes Wissen um die Funktionen und Prozesse des Lebens bieten uns enorme Möglichkeiten, das Los der Menschheit zu verbessern. Aber dieses Wissen reicht noch weiter. Die Biologie zeigt uns, dass alle lebendigen Organismen, die wir kennen, miteinander verwandt sind und in enger Wechselbeziehung stehen. Unauflöslich sind wir mit allem anderen Leben verbunden: mit den krabbelnden Käfern, den infektiösen Bakterien, der gärenden Hefe, den neugierigen Berggorillas, den flatternden Schmetterlingen, die uns auf der Reise durch dieses Buch begleitet haben, und mit jedem anderen Mitglied der Biosphäre. Gemeinsam sind diese Arten die großen Überlebenden des Lebens, die jüngsten Nachkommen einer einzigen, unermesslich großen, unendlich verzweigten Familie, die mit einer ununterbrochenen Kette von Zellteilungen bis in die fernsten Ausläufer der Tiefenzeit reicht.

Soweit wir wissen, sind wir Menschen die einzige Lebensform, die diese tiefe Konnektivität erkennen und darüber nachdenken kann, was das zu bedeuten hat. Damit wird uns eine besondere Verantwortung für das Leben auf diesem Planeten übertragen, umfasst es doch – so, wie die Dinge stehen – unsere gesamte teils nähere, teils fernere Verwandtschaft. Wir müssen uns um das Leben kümmern, wir müssen für es sorgen. Und dazu müssen wir es verstehen.

Dank

David und Rosie Fickling, für all ihre Mühe, dieses Buch verständlicher zu machen, den Freunden und Kollegen in meinem Labor und anderswo für die jahrelangen Diskussionen und Auseinandersetzungen über das Wesen des Lebens. Und Ben Martynoga, der dafür sorgte, dass die Arbeit an diesem Buch eine Freude für mich war.

Über den Autor

Paul Nurse ist Genetiker und Zellbiologe, dessen Forschungsschwerpunkt die Kontrolle des Zellzyklus ist. Dieser Prozess ist die Grundlage für Wachstum und Entwicklung aller lebenden Organismen. Er ist der Direktor des Francis Crick Institute in London und war Leiter der Britischen Krebsforschung, Präsident der Rockefeller University und Präsident der Royal Society. Er erhielt den Nobelpreis für Physiologie und Medizin des Jahres 2001 (zusammen mit Leland H. Hartwell und R. Timothy Hunt), den Albert Lasker Award, die Royal Medal und die Copley Medal der Royal Society.

1999 wurde er in den Ritterstand erhoben, 2003 erhielt er den französischen Orden der Ehrenlegion und 2018 den japanischen Orden der aufgehenden Sonne. Fünfzehn Jahre lang war er Mitglied des Rates für Wissenschaft und Technologie für den Premierminister und das Kabinett des Vereinigten Königreichs. Gegenwärtig ist er wissenschaftlicher Berater der Europäischen Kommission und Mitglied des Stiftungsrates des British Museum.

Paul fliegt Segel- und Retro-Flugzeuge und ist ein ausgebildeter Buschpilot. Außerdem schätzt er Theaterbesuche, klassische Musik, Bergwanderungen, Museen, Kunstgalerien und sehr langsames Jogging.

Was ist Leben? ist sein erstes Buch.

Simone Böcker
Rewilding
Auf der Suche nach einem Gleichgewicht zwischen Mensch und Natur
237 Seiten. Gebunden mit Schutzumschlag
ISBN 978-3-351-04183-0
Auch als E-Book lieferbar

Mehr Wildnis wagen – für ein vollkommen neues Verhältnis zur Natur

»Rewilding« ist die Antwort auf die Klimakrise. Es bedeutet: Kontrolle abgeben und die Natur sich selbst überlassen. In der Folge entstehen intakte Ökosysteme, die nicht nur Tieren und Pflanzen neue Lebensräume bieten, sondern auch für saubere Luft, sauberes Wasser und fruchtbare Böden sorgen, die Kohlendioxid binden und vor Hochwasser und anderen Klimaextremen schützen. Simone Böcker verbreitet die positive Botschaft: Das Artensterben ist nicht nur aufzuhalten, es kann umgekehrt werden! Zudem zeigt sie Wege auf, selbst aktiv zu werden: ob im eigenen Garten oder bei der gemeinschaftlichen Schaffung von Wildblumenwiesen. Ein Buch, das Lust macht, mehr Wildnis zu wagen – und zu einem achtsamen Verhältnis zur Natur anregt, wie es indigene Kulturen pflegen.

Regelmäßige Informationen erhalten Sie über unseren Newsletter.
Jetzt anmelden unter: www.aufbau-verlage.de/newsletter

aufbau

Robin Wall Kimmerer
Geflochtenes Süßgras
Die Weisheit der Pflanzen
Aus dem Amerikanischen von Elsbeth Ranke
461 Seiten. Gebunden mit Schutzumschlag
ISBN 978-3-351-03873-1
Auch als E-Book lieferbar

Als Botanikerin ist es Robin Wall Kimmerer gewohnt, mit den Werkzeugen der Wissenschaft Fragen an die Natur zu richten. Als Angehörige der Citizen Potawatomi Nation vertritt sie die Auffassung, dass Pflanzen und Tiere unsere ältesten Lehrer sind. In »Geflochtenes Süßgras« bringt Kimmerer diese beiden Arten des Wissens zusammen, um uns auf eine »Reise zu führen, die ebenso mythisch wie wissenschaftlich, so heilig wie historisch, so klug wie weise ist.« (Elizabeth Gilbert).

Auf der Grundlage ihres Lebens als indigene Wissenschaftlerin zeigt Kimmerer, wie andere Lebewesen – Astern und Goldruten, Erdbeeren und Kürbis, Salamander, Algen und Süßgras – Geschenke und Lektionen für uns bereithalten, auch wenn wir vergessen haben, ihren Stimmen zu lauschen und sie zu verstehen. Kimmerers Buch kreist um ein zentrales Argument: Das Erwachen des ökologischen Bewusstseins erfordert, dass wir unsere wechselseitige Beziehung zum Rest der lebenden Welt anerkennen und wertschätzen. Denn nur wenn wir die Sprachen anderer Wesen hören können, können wir die Großzügigkeit der Erde verstehen und lernen, im Gegenzug unsere eigenen Gaben zu geben.

HAYMON taschenbuch **279**